U0894625

珍藏本
纪念版

汉译世界学术名著丛书

地理学性质的透视

〔美〕R.哈特向 著

黎樵 译

商务印书馆
SINCE 1897 The Commercial Press
2017年·北京

Richard Hartshorne
PERSPECTIVE ON
THE NATURE OF GEOGRAPHY
Published for
The Association of American Geographers
by
Rand McNally & Company
Chicago 1959
本书根据芝加哥兰麦克纳利公司 1959 年版译出

汉译世界学术名著丛书
（120年纪念版·珍藏本）
出 版 说 明

2017年2月11日，商务印书馆迎来120岁的生日。120年前，商务印书馆前贤怀揣文化救国的理想，抱持“昌明教育，开启民智”的使命，立足本土，放眼寰宇，以出版为津梁，沟通中西，为中国、为世界提供最富智慧的思想文化成果。无论世事白云苍狗，潮流左右激荡，甚至战火硝烟弥漫，始终践行学术报国之志，无改初心。

迻译世界各国学术名著，即其一端。早在20世纪初年便出版《原富》《天演论》等影响至今的代表性著作，1950年代后更致力于外国哲学和社会科学经典的译介，及至1980年代，辑为“汉译世界学术名著丛书”，汇涓为流，蔚为大观。丛书自1981年开始出版，历时三十余年，迄今已推出七百种，是我国现代出版史上规模最大、最为重要的学术翻译工程。

丛书所选之书，立场观点不囿于一派，学科领域不限于一门，皆为文明开启以来，各时代、各国家、各民族的思想与文化精粹，代表着人类已经到达过的精神境界。丛书系统译介世界学术经典，引领时代思想，为本土原创学术的发展提供丰富的文化滋养，为推动中国现代学术和现代化进程做出了突出的贡献。

为纪念商务印书馆成立120周年，我们整体推出“汉译世界学术名著丛书”120年纪念版的珍藏本，寄望既利于文化积累，又便于研读查考，同时向长期支持丛书出版的译者、编者和读者致以敬意。

两甲子后的今天，商务印书馆又站在了一个新的历史时间节点上。我们不仅要铭记先辈的身影和足迹，更须让我们的步伐充满新的时代精神。这是商务人代代相传的事业，更是与国家和民族的命运始终紧密相连的事业。我们责无旁贷，必须做好我们这代人的传承与创造，让我们的努力和成果不仅凝聚成民族文化的记忆，还能成为后来人可以接续的事业。唯此，才能不负前贤，无愧来者。

商务印书馆编辑部

2017年10月

目　　录

美国地理工作者协会声明

这是协会今后准备长期出版的一系列丛书的第一本。由于兰麦克纳利公司的赞助，协会得以经久而美观的书籍形式，向渊博的读者推荐一些突出的专著；否则，它们只能以简略的或片断的杂志论文形式发表。头一本被接受出版的是方法论专著，这只是一个巧合。实际上，对任何一位地理工作者或对任何一个讨论题目都没有偏好或偏恶。协会只要求专著能为代表它的编委会所接受，并由它所指定的编者进行编辑。丛书的成败在很大程度上依赖于本丛书所获得稿件的质量。编者、编委会以及协会负责人都热烈地欢迎批判性的意见。

编 者 的 话

这个稿件交给我的情况已在编审委员会的序言中作了交代。这里我只能补充说明:其后和作者的协作是很愉快的,我深信这项著作对地理学方法的讨论是一个极及时的贡献,我们都得非常感激哈特向教授。我很幸运地从而获得许多见识和鼓励(虽则偶亦有不同意之处),读者如能同样感受其中一小部分,收获就已够丰富了。我可以热烈地证实编委会所作出的判断:作者并无意指定一条所有地理工作者应遵循的不偏不倚的道路。但是,本书明确要求地理工作者在提高对世界认识的巨大共同努力之中,有目的地进行自己的工作,并明晰地加以思考。对这一个呼吁,必然会得到全心全意的和一致的肯定性反映。

A. H. 克拉克

梅迪桑,威斯康星州①

---

① 美国威斯康星州梅迪桑城,是威斯康星大学所在地。本书作者及编者都是该大学地理学教授。——译者

编审委员会序言

20年来，英文文献中关于地理学方法讨论的领导著作是R.哈特向的《地理学性质》。它首先在1939年作为美国地理工作者协会会刊的两个扩大号而出版，其后屡次重新影印发行。1946年作者用注释办法进行了一些局部修改和增补，但并不改变原稿内容，以后的重印中就包括了这些修改和增补。

在这一段时期，更多的人变成了地理工作者，而翔实的地理研究文献大量地增加。同时，所有国家的地理工作者继续钻研地理学思想史，进行地理学方法新的分析，并沿着这些方向提出了进一步的探索途径。因此，在本书前言中所描述的情况下，哈特向教授决定编写一个新的著作，俾能及时总结他自己和其他学者的思想，并比旧作更直接地、更肯定地[①]阐述地理学的逻辑概念。

这项研究的初稿恰在(美国地理工作者协会)宣布出版丛书之际完成。它在丛书第一编者D.惠特赛突然逝世之前不久提交审查，其后又由目前的编者A. H.克拉克负责。克拉克教授与作者

---

① 1939年出版的《地理学性质》一书，偏重于提出问题，而不直接作肯定的结论。——译者

是大学同事，并是鼓励作者编写这样一本著作的积极支持者之一，因此而退出了编审委员会，而由 E. A. 阿克曼代替。后者与序言其他签名者，当时是编审委员会的成员。这个委员会建议这项研究予以出版。

当然，委员会成员和编者并不对作者的每一项阐述都完全表示同意，但大家都认为这本书是崭新的、生动的、有力的和前后一贯的，没有一个认真的读者会不对作者在地理学方法文献上的艰巨努力以及他的卓越的、前后一贯的分析能力表示钦佩。

正如哈特向教授自己指出的：我们提高地理学只有通过具体工作而不能仅仅谈论“怎样”和“为什么”。但地理工作者不能够，亦不应该，丢开方法论不管。一次再一次地，在就职演说[①]，主席致辞或其他地方，个别学者为了证明他自己工作的正确无误，谈论就滔滔不绝。观点是如此五花八门，并且时常是如此相互矛盾，以致漫不经心的和初入门的地理工作者，或者邻近学科的来客，会感到迷惑不知适从。本书是解决若干混乱的一个尝试。显然，没有人会希望它一下子就解决一百多年来的逻辑上争论。

没有一个方法论是完善的，任何学者或学派亦不应该为千万人规定研究的范围和方向。因此，如把这本书看作一系列最后的结论，这将违反作者本人以及赞助本书出版的协会的意愿。但是，本书代表一个曾对本门学科方法问题进行深思熟虑，并曾与其他方法论探讨者进行广泛接触的地理学者的成熟结论，它可以帮助

① 指资本主义国家大学教授在就职时所发表的演说，下同。——译者

读者对地理学性质认识得更为明晰，并鼓励地理工作者对自己应做些什么以及为什么这样做，寻求一个较好的解答。

E. A. 阿克曼

F. K. 哈尔

G. F. 怀特

J. K. 赖特

第一章　前言——需要和目的

在过去20年中，地理学在英语国家的大学里获得了显著发展。跟随着这个发展，人们对作为高等教育课程之一的地理学的性质和目的等等有关基本问题，日益发生了兴趣。

这些问题大部分不是新的，几十位地理工作者的意见已见于1939年出版的《地理学性质》[①]一书。但该书进行百科全书式的叙述，并以大量篇幅从事否定的批判，从而模糊了肯定的结论，虽则为了完成该书的任务，两者都是必要的。之后，在文献中，在通讯中以及在学术讨论会中，提出许多批评和诘难，因而对十个基本问题有必要加以重新考虑[②]，每个问题都构成本书各章的主题。

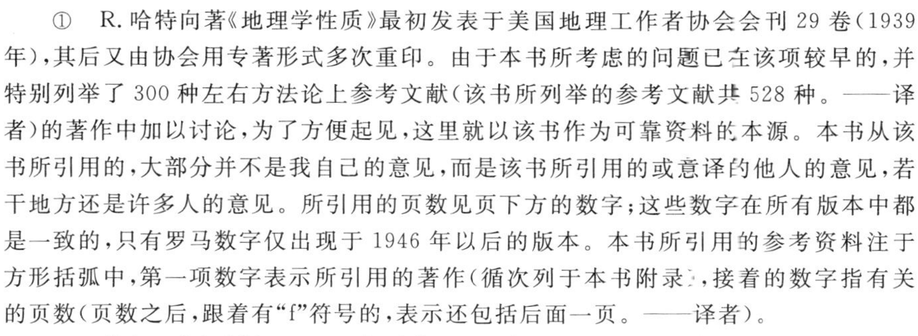

① R. 哈特向著《地理学性质》最初发表于美国地理工作者协会会刊29卷（1939年），其后又由协会用专著形式多次重印。由于本书所考虑的问题已在该项较早的，并特别列举了300种左右方法论上参考文献（该书所列举的参考文献共528种。——译者）的著作中加以讨论，为了方便起见，这里就以该书作为可靠资料的本源。本书从该书所引用的，大部分并不是我自己的意见，而是该书所引用的或意译的他人的意见，若干地方还是许多人的意见。所引用的页数见页下方的数字；这些数字在所有版本中都是一致的，只有罗马数字仅出现于1946年以后的版本。本书所引用的参考资料注于方形括弧中，第一项数字表示所引用的著作（循次列于本书附录），接着的数字指有关的页数（页数之后，跟着有“f”符号的，表示还包括后面一页。——译者）。

② 其中几个问题由于1953年夏弗死后出版的《地理学中的例外论》一文〔116〕而有力地引起了地理界的注意。1955年我所作的答复限于该文所犯的错误，特别是有关康德、洪保德、李戴尔、赫脱纳以及我自己著作〔104〕的错误。在几位同事敦促之下，我同意为美国地理工作者协会会刊写第二篇论文，建设性地讨论批评界所提出的并使许

1939年以来出版的方法论研究，在若干问题上支持了《地理学性质》一书所作的结论，因而在本书中只作简单的，但希望是更清晰的重复叙述。在其他问题上，近20年地理学思想的发展使得重大修改成为必要。

但是，本书目的并不在于为“无休止的方法论争辩”(正如有些作者所感叹的)火上加油。细心阅读他人著作，努力建立共同论点，在谅解基础上对待不同之处，并正确地表达批评意见，这样就最能避免没有结果的争辩。

德国地理界关于方法讨论的历史显示了这个办法的优越性。自从19世纪后半叶以来，德国作者们通过出版物在方法论上进行了热烈的争辩，使读者充分明白敌对的意见，并使他迅速地获得用作证明的资料。1883年，李希霍芬纲领性的发言之所以能获得普遍接受，部分原因就在于他所考虑的问题过去业经一系列论文加以争辩，瓦格纳并在《地理年鉴》(*Geographisches Jahrbuch*)中定期地、严肃地加以评述。

感谢下一代的继续讨论，特别是赫脱纳的工作①，德国地理工作者比任何其他国家的地理工作者〔1：91—101〕在地理学基本概念上获得了较大程度的相互了解和一致。曼勒在《自由的程度》的论文中，认为这可能由于德国人乐于接受纪律，而不同于英国人的重视研究上的自由〔81：21ff〕。这个解释虽似有理，德国文献关

多地理工作者感到苦恼的方法论问题〔104：205f〕。由于这篇论文远远超过会刊一篇正规论文所允许的篇幅，会刊编者建议作为单独的专著发表。协会所倡议的新丛书，使它获得了出版的机会，并有可能更详尽地考虑争论中的问题。

① H.施米特纳对赫脱纳的学术背景和活动提供了一个详细的叙述，其中包括死后出版的《人类地理学通论》，卷1，斯图加特，1947. XI—XXXIV页。

于方法讨论的实际情况却指出了它的反面。这些文献如果有任何建立纪律的企图的话，那就是这些问题的作者必须首先阅读他人的著作〔1：27，34，138〕。

在基本问题取得一致的基础上，德国地理工作者对其他方法论问题进行了有力而精湛的探讨。但由于“景观”（Landschaft）这个术语含义不清（至少对外国读者而言），其中许多讨论难以了解。虽像几位作者所肯定的，当前一代德国地理工作者同意这个概念接近于地理学的心脏或核心，但对这个术语的含义，20 年前我就表示了怀疑[①]，目前仍未取得较一致的意见〔1：149—58〕。

当德语和英语地理工作者相互讨论，而将“景观”（Landschaft）与“景色”（Landscape）作为同义词时，困难就倍增了可解释为“风景”或“区域”的德文名词[②]，单纯作“景色”介绍到美国或英国地理界时，立即引起了混乱。《地理学性质》一书为了澄清我们这方面[③]的思想，曾对“景色”一词加以与普通英语词义相适应而独立于德语“景观”一词的定义〔1：158—90〕。但是，当德国作者假定“景色”的定义就是“景观”时，就更加混乱了[④]。

在法国，最近方法论探讨同样显示出批判研究的价值，虽则在

① 劳顿萨赫 1953 年所发表的文章，承认我的批评是轻微的。检查了他的同事的著作之后，他发现这个术语不但为不同作者表示了不同意义，并在某些情况，同一篇论文表示了 4 种、甚至 8 种不同的意义而没有提到意义的改变〔37：14f〕。

② 指“Landschaft”一词。——译者

③ 指英语国家。——译者

④ 有人曾建议：英语地理工作者如果像德语地理工作者一样，接受“景观”一词的双重意义，就可以避免这个危险。但这意味着：我们将与我们所指责的错误犯同样的错误。幸而，对改变普通词义的自由是有限制的。

许多地方，由于没有列举全部文献（至少对法国过去文献不熟悉的读者而论），削弱了对这些探讨的利用。从参考文献判断，法国地理工作者似将方法论探讨限于他们自己的著作，他们虽然敬仰洪保德与李戴尔为现代地理学的奠基者，并以拉采尔为创立人文地理学的领袖〔19;55：26;59：14f〕，但他们很少引用以后的外国作者关于方法论的意见[①]。最近魁北克的哈梅林所写的一篇论文（在这个讨论中我们如将它包括在法国文献之内）[②]，则从法文和英文方法论文献中都大量引用资料〔57〕。

20年前，人们就注意到英国地理工作者远比其他国家的地理工作者，对确定自己领域的性质和范围缺乏兴趣〔1：100〕。但是，近年在许多大学中增设了地理学讲座，迫使许多地理工作者提出自己的主张。关于地理学目的和范围的讨论，近年已出现一本或几本书，若干篇论文，特别是英国和英联邦大学地理学教授的许多就职演说。在英语国家之中，包括美国在内，地理工作者讨论方法论问题的一般传统是口头演说而不是研究论文。对这些长时期研究中所得的观念或新研究课题，读者可以任意接受他认为重要的而忽视他认为不重要的。在许多情况下，这些论文探讨了长期存在的问题，而很少考虑到前人对这些问题已有的研究。由于这种态度，特别是英国地理工作者在许多关于方法论的论文中缺乏参考文献，有价值的资料很快就失去了光辉，而埋葬于浩如烟海的文

① 曼勒在《自由的程度》一文中，认识到在英国地理界的同样情况。他赞成地理学中的“地方传统”〔81〕。当然，我们欢迎地理工作具有健康的多样化，但我们不可忽视唾手可得的知识和观念。从这点上说，曼勒肯定亦会同意的，在地理学中并没有地方观念的地位。

② 魁北克在加拿大东南部，属于法语地区。——译者

献之中〔1：XXVII〕。

因此，在1915年赫勃生死后所发表的论文〔7〕，虽则我们发现对目前的讨论是得要领的，但很少为英国的地理工作者所提到〔1：XXXI〕。更显著的例子是麦金德1887年"著名而革命性论文"的《地理学的范围和方法》一文〔16〕。在1949年翁斯特检查麦金德对地理学的贡献〔90〕以及1951年皇家地理学会将该文重新出版以前，我在本世纪方法论的文献中竟找不到该文曾被引用。例如，在伍特里季1945—1954年关于方法论的著作中，他正确地称该文为"英国地理学的奠基文献"，但他只在1956年所写的序言中提到该文〔92：2f〕。在序言中，他又对《地理学性质》一书的文献目录未包括该文而感到惊讶。该文确实是应该包括在内的。

英国和美国地理工作者的许多方法论著作，性质近乎文学论述而非学术研究。当目的是在根据作者自己的思考和经验而提出一个观点，或在鼓励读者向作者认为最有希望的途径进行工作时，这是适当的。但是，当讨论牵涉到前人的观点或地理学思想的历史发展时，读者就有充分理由希望论文具有学术研究的性质〔102：116—18〕。不幸，这时常是欠缺的。甚至在阐述历史或文献资料的著作中，作者自己的判断或推测时常没有和文献已证明的事实区分开来。当一篇论文附有许多参考文献时，读者就常会不注意比较重要的论点是否附有具体的参考资料；当这种参考文献业经提出，但实际上并没有指出具体出处时，读者几乎肯定是易被欺瞒的。

在美国和英国，方法论问题的讨论时常不研究前人关于同类问题的意见〔参考比较92：20〕。它比具体问题的探讨更忽视外国文献，除非这些文献具有译本。引用这些资料时又往往不注明出处，或仅注明原文出处，虽则在用词上表明它实际上是依赖未说明的第二手资料的。

他人研究的结论被考虑或批判时，时常被不充分地或错误地意译，有时具体注明出处，有时就不注出。当然，在意译时，甚至小小心心，亦难免错误。“走样的”或者“歪曲的”词汇的应用，严格的读者可以认出这是粗枝大叶的证据。但是，当这种证据并不存在时，读者就可能不了解批判者对译文的抨击并不根据原作者实际所写的，而仅是根据批判者自己的印象。在许多情况下，这种印象就被用来作为演绎原作者的观点的依据，而实际上他对这些问题可能并没有说过，甚或表示了相反的意见[①]。

上述的态度是可以理解的。不管我们对地理学的性质和范围怎样看法，大家都会同意它的目的是为了增加人类对现实的认识。方法论对这个认识并不增加什么，只是帮助我们对这个知识的了解。因此，有人感到在方法论上花时间等于浪费具体地理工作上的时间；在这个方面花时间越少越好。

这种说法似是可信的，实际上都是骗人的。个别作者可以因忽视学术探讨而节省了一些时间，但地理工作者作为一个整体却因此在重复的和迷乱的讨论上（达比故意夸大地称之为“方法论上的唠叨”）〔68：9〕消耗了许多时间和精力。由于没有仔细阅读并且正确传达他人的著述，导致了对实际上并不存在的分歧进行了没有结果的讨论；而完整记载的欠缺，不论对批判者和他的读者，

① 上面一段的评述，并不针对任何学者的手稿，而是根据最近美国和英国地理工作者方法论著作的某些具体例子，其中包括若干在具体工作中坚持科学原则的学者。

都隐藏了实际存在的一致性。

方法论著述的目的并不是肯定某些意见或某些争辩，而是对双方有关的问题的澄清。为了这个目的，有必要进行逻辑上的争论，并可能需要消除由于误会或错误的论述所造成的对了解的障碍。在驳斥错误上，作者和读者同样负有责任将焦点集中在讨论中的工作本身而不是它的作者身上；方法论学者只关心著作中所表现的观点而不针对作者〔102：124〕。这对那些主要兴趣和职业上地位主要依赖具体工作的方法论著述的作者，特别显得正确。如果作者们预料到方法论的出版物将根据严格的科学标准加以检查批判〔104：207f〕，我们可以希望方法论研究在质量上有所提高，而在数量上趋于减少。

探讨的方法

本书追随《地理学性质》一书所根据的原则，即：地理学的性质、范围和目的的决定，主要是一个实验研究的问题。地理学是一个公认的具有悠久发展历史的学科，拥有丰富的方法论和具体工作文献，它是地理工作者长时期来所创立的，大部分性质似乎很难迅速改变〔1：30〕。

在《地理学性质》一书中，首先是根据过去和目前地理工作者的观察，尽可能探讨地理学最可靠的定义。不用说，地理工作者对他们自己的学科所下的定义，从来就没有完全一致过，并且还时常迥然不同。有必要审定这些由于过去的著作的深刻研究以及具体工作方法的进展所产生的不同观点，在什么程度上代表了思想的不断发展。在寻找关于地理学特殊问题的答案时，采用了同一方法[①]。

当然，这个"在过去的照耀下的严格检查"并不是自流的；它包括对所引述的作者和他本人的著作的逻辑上的判断。读者在每一步骤上都可以考验所采用的逻辑：假如它是正确的，结论与前提就会一致。如果读者怀疑所得的结论，他的工作就在指出关于事实叙述上，或前提上，或运用逻辑上的错误。这是推理水平上的不同，而不仅仅是意见上的差异[②]。

必须强调指出：这个探讨方法允许地理学新观点的自由产生。并没有强迫我们必须继续追随那些指导着前人工作的基本概念。但是，如果我们要避免因经常改变方向而浪费精力，就必须了解并估计发展到现在为止的地理学轮廓。由于缺乏这种认识，新观念的提倡者得以再三地劝诱一批地理工作者从事崭新而吸引人的题目的研究，所产生的著作最初亦被誉为开创性的，但是到了后来，概念被证明是误入歧途的，成果是很少有用处的。当我们通过地理思想史的研究，发现所谓新概念实际上几十年前甚或一个世纪前就已经有了，并已发觉其错误了的时候，这种学术上的损失就更显得没有意义了。

因此，我们同意布劳恩和奥勃斯特的意见，对那些没有认识到

① 在《地理学性质》一书中所述的概念，凡是采自其他地理工作者之著作的并不能单纯作为我自己的意见。对这样一个概念或观点进行充分的批判，需要考虑到许多学者的书面意见。为了寻找这些记载，我发现有需要重复引用该著作的作者和标题（虽则标题常常是不完全的，并且作者和标题的页次在许多地方是错误的——时常偏多或偏少一页）。

② 上面所说的，似乎比我在《地理学性质》一书的引言中所阐述的，更能说明我作为一个作者的作用。许多读者曾怀疑：我的目的只是"根据其他地理工作者的意见来阐述地理学"〔1：31〕。

或考虑到过去的文献中所记载的知识和概念的革新建议，采取了保留态度〔1：34〕。提出新观点的人，如果首先评价前人的思想和工作，就不但为他们自己和读者节省许多时间，并且能够更好地推进那些合理的革新。

这种对前人工作的态度，产生了对我们学科的尊敬以及一种谦虚的健康感觉，而并不能误认为对过去的崇拜。这亦使我们能够认识到地理学思想讨论上的逻辑错误，并决定我们的概念应该在哪里予以修正或加强。

然而，单纯建立地理学性质的合理逻辑并不提供地理学知识具体发展所必需的动力；另一方面，不论地区描述如何详尽，它们的积累仍然仅是可观察事物的表面描写。今天地理学所最需要的，正像本书初稿①的一个批评者所指出的，是在衡量现象的相互关联性上发展新的概念和更有效的技巧。正如他所说的：这些并不会因再一次重述地理科学的演变而出现；但它们亦不会因任何改变地理学基本性质的企图而产生。

新的概念和技巧只有从地理学的特殊分支或方面的精详具体工作中产生。我相信，在过去十年左右的时期里，美国地理工作者比任何以前时期都发展了更多的重要而有用的概念和方法。在许多值得列举的新发展之中，我们可以提一提工业区位中市场因素分析和联系城市多种指标的统计方法的发展，以及联系有关现象的制图统计综合方法的发展。这些分析方法在决定区域联系的速度和正确度方面产生了一个革命。

为了使这些新的概念和工具有效地成为地理科学发展的动

① 指1939年出版的《地理学性质》一书。——译者

力，有必要对地理学的性质、范围及目的取得若干统一的认识。像本书这种方法论研究，就以促进这个认识为目的。它并不为过去的见解作辩护，亦不想提出一个新的方向，而只是澄清我们对承继所得的遗产的了解。

在过去几年本书写作过程中，作者获得了许多同事（他们阅读了一部分初稿，并提供了有价值的建议）以及"地理学思想史"这门课的几班研究生的大力帮助。本书编者的作用更是巨大，他在内容上和形式上进行了难以估价的修改，实已远远超过一般编者所起的作用，从而大力地帮助作者，使作者对自己所企图阐述的得以谈得更为透彻。

探讨的程序

在《地理学性质》一书中，具体讨论地理学的本质和目的之前，冠以赫脱纳对地理学在整个知识领域中的合理地位的阐述。这种排列方式，容易给读者错误的印象，以为赫脱纳的阐述构成了基本前提，由此通过逻辑论证，得出以后所讨论问题的答案。

为了消除从任何一个地理学或科学的先验理论进行演绎推理的痕迹，本书将运用归纳法，像地理工作者看地理工作那样地来决定地理工作的实质。在这个基础上，应该可以决定它属于那种性质。这样一个领域是否可以叫作"科学"，是一个词义上的问题，取决于对这个具有许多争端的名词给予什么定义。作为一个研究的领域，地理学性质并不取决于那个词义上的问题。

通过这个方法，我们如果澄清了关于地理学的事实问题，最后就可考虑赫脱纳对地理学在科学中地位的概念，把它当作一个由过去验证建立起来的并企图解释地理学性质的假设。这样一个假设，对以前所讨论的问题并不是必要的，每个问题的目的，都在通过与其他学科对比之后建立关于地理学性质的事实。假设应该通过它对由实验得出的事实的符合程度及其是否能进一步说明这些事实，来加以评价。

第二章 “地理学是地区差异的研究”意味着什么？

关于地理学是“地区差异的科学”的阐述，许多人感到难以理解。1925 年苏尔在详述赫脱纳的地理学概念时，首先介绍了“地区差异”这个术语。之后，这用两个简单英文①就可代替许多文字解释的术语，为很多美国地理工作者所采用。同样理由，它再三在《地理学性质》一书中出现。

然而，经验指出许多读者对这个术语是不理解的或误解的。绝大部分对于这个术语所代表的概念的抨击，是由于批评者只根据他自己对这个名词的解释而进行推理。假如批评者的推理引导出了不可接受的结论，他就不但丢弃了这个术语，并丢弃了它所代表的概念。

这个概念渊源于李希霍芬对于洪保德和李戴尔的观点的综合〔1：92〕，并在赫脱纳的著作中获得最详尽的阐释。就是赫脱纳所阐述的方式，或略经修改，为 20 世纪绝大多数德国地理工作者所接受〔1：92，98，138；46：147f；41：411〕。

赫脱纳多次用略有不同的方式阐述这个概念，但具体内容很少改变。在 1898 年，他认为：“从最古到现在，地理学的明确主题

① “地区差异”在英文中只有两个字：“areal differentiation”。——译者

是认识地理区域之相互差异”(Die Erkenntnis der Erdräume nach ihrer Verschiedenheit),人类亦包括在一个地区的自然体(Landesnatur)之中,并且随着科学的普遍发展,“在地理学的所有分支中,单纯描述为探讨原因所代替”〔9:320;1:98〕。在1905年,他写到“地球的地域科学或研究地区和地方的差异及其空间上关联的科学”(nach ihrer Verschiedenheit und nach ihren räumlichen Beziehungen),或者“研究地球表面上区域差异的科学——即作为大陆、地区、地方和地点的复合体”〔11:553;2:122;1:237〕。他亦谈到地区的特点〔11:561;2:123f;1:142〕。他的全部思想在1927年的一个长篇阐述中表现得最为充分:“地域观点的目的,是在通过对不同现实领域及其多种表现形式的存在及其相互关联性的理解,来认识区域和地方的特性,并且在大陆、大小区域以及地方的实际排列中,作为一个整体来理解地球表面。”①

人们所更熟悉的费达耳—白兰士的阐述,形式和腔调虽有不同,意义是相似的:“地理学是地方的科学”,它研究各国的性质及其潜力〔1:241〕。“一个国家的特点”,取决于它的要素的总和,“与地方差异性相联系的社会多样性”〔1:131〕。最近,乔利在他的杰作《地理学研究指南》一书中,重述了这个观点:“地理学的目的是在认识地球”,并不在认识自然的、生物的和人文的等一系列现象的某一单独现象,而在作为一个整体,研究“它们相互间产生

① 德文原文为:“Das Ziel der chorologischen Auffassung ist die Erkenntnis des Charakters der Länder und Örtlichkeiten aus dem Verständnis des Zusammenseins und Zusammenwirkens der verschiedenen Naturreiche und ihrer verschiedenen Erscheinungsformen und die Auffassung der ganzen Erdoberfläche in ihrer natürlichen Gliederung in Erdteile, Länder, Landschaften und Örtlichkeiten”〔2:130〕。其中若干术语的正确翻译,当根据上下文的语气以及赫脱纳的习惯用法。

的组合，因为这些组合，形成了我们所感受到的地球表面上不同的自然和人文状况……这个地球表面向我们显示了可惊的多种状况：海洋，大陆以及复被其上的多种多样植被景观，文化制度，人类社会所形成的聚落形式和地区组织。”〔52：14f〕①

自从《地理学性质》一书出版之后，许多作者企图用一般社会人士所能领会的英文来阐述概念。因此，1950 年英国地理工作者的语汇委员会提出了地理学的定义是：“特别强调地区的差异性和关联性，来描述地球表面的科学”〔76：158〕。美国大学词典的编者，在和我商讨这个定义之后，提出了一个长得多的解释：“通过气候、地形、土壤、植被、人口、土地利用、工业，或国家等因子以及由这些因子所错综组成的地区单位的特点、排列和相互关联，来进行地球表面的地区差异性的研究。”詹姆士在为美国地理学委员会写的《美国地理学：回顾和前瞻》一书的序言中，将这个定义加以简化：“地理学探讨现象（这些现象组成了某一地方的特征）的组合，以及地方之间的相似性和差异性。”〔4：6〕

这些阐释都没有显示它们所产生的思想背景。应该对概念作进一步了解，从而用简单的术语阐明地理学得以存在的基本理由。假使地球上任何地区的因素组合——气候、地貌、土壤、人口、作物、农庄、城市等等的特定情况——几乎和其他地区相同，地理学将只限于决定这些不同因素的相互关联性，所产生的综合体将在世界重复出现而并无差异。在这种情况下，地理学就是能作为一门独立科学存在的话，它的发展无疑是迟缓的，并且是一个索然寡

① 没有疑问，乔利的著作受到费达耳—白兰士的巨大影响。但在他的书中，并不能辨认他与赫脱纳及其他德国地理工作者的相同观点，是出于他自己的独立思考，或由于他人著作直接的或间接的影响。

味的综合性科学。

然而，在人类发展的很早阶段，就发现在这个世界上，地方与地方之间有着很大的差异。为了满足人类对这差异的好奇心，地理学发展而为一门大家喜爱的科学。从最早时候起，不论从交通阻塞的近处或从远方归来的旅客，都被要求告诉留在家里的人：所拜访过地方的事物和居民是怎样的。

这种人类对视野以外的世界（这个世界与本国具有不同程度的差异）的普遍好奇心是所有地理学的基础。在无数曾经明白阐述这个原则的各国地理工作者之中，值得特别举出：斯特拉波、费达耳—白兰士、伏耳兹、苏尔和达比〔1：130f;67：3,10〕。

地球上所有地区相互差异的事实，又导致了对不同地区呈现相似情况的特殊兴趣。进一步检查之后，会发现它们永不会真正相似，肯定不会像“一个豆荚中的两颗豌豆”，甚至亦不会像两个纯属欧洲血统但在大西洋两岸出生和生长的人在体格上的相似性。然而，不同地区相似之处并不比差异之处次要一些。对这些地区的比较研究，使地理学接近于实验科学所用的方法，以某些事实作为常数加以控制，另一些则作为变数。

如果在地理学“地区差异研究”的定义中，删去了“研究”两个字，上述相似性研究就可以不考虑。地区相似性的探讨并不显示差异之点，后者并不需要探讨就可肯定其存在，需要探讨的只是差异程度的大小。假使这种探讨显示出在某个要素或某些相互密切关联的要素上（例如我们称之为气候而决定着大气状况的降水量、温度和雨量等），几个地区之间差异很小，就可以说这些地区在气候上是“相似”的。于是可以认为这些气候情况彼此“相似”而与其他地区“不相似”的地区（那就是说，只是在次要程度上彼此不同，而与其他区域则在主要程度上不同的地区),是同一类型的典型地区。

采用这个方法,我们可以构成一个一般概念,例如:"地中海式气候"可用来描述任何属于该类型的地区(区域)的气候现象。或者,除了"地中海式"或"湿润大陆式"等考虑所有气候情况在内的综合概念之外,可以建立主要组成因素(降水量、季节温度等)的发生学概念,亦可用这些一般概念的组合来描述世界上任何地区的气候总情况,例如:BSh(柯本)或DA'W(桑怀特)。

当然,这样把几个地区的气候似乎很相似地加以对待,在我们对区域特性的分析上引进了一定程度的错误。在较大规模的分析上,我们可以用较详细的一般概念(例如BShwg[①])来纠正这个错误。但是,不论我们将这种过程进行得多远,一个地区的两个部分之间仍然保留着若干重要的差异。通过这个方法,我们建立了区划系统,将世界的地区划分为多种区域,有时称之为"一般区域",因为它们是以气候、地貌、土壤或农业制度等一般概念为基础的。

因此,"相似"并不是"差异"的对立面,而只是一种将次要的差异加以忽视,将主要的差异予以强调的概括。有些作者为了避免误解,时常说"差异性和相似性",而没有认识到这种提法是重复的[②]。亦很有可能,"差异性"(differences)这个名词的重复应用,易于强调"对立性"(contrasts)的寻求。所以"变异性"(variation)这个名词似较为妥当。

假使探险家和旅客从世界许多地区所传来的多种现象的变异

① BShwg是柯本气候分类的符号,BS指草原气候,h指最高月平均温度超过22℃,w指冬季干燥,g指恒河式气候即最高温度发生于五月。——译者

② 赫脱纳偶尔亦用这个双重的提法,但注意到它在逻辑上的重复性〔2:275f〕。

（例如居民的人数、习惯、职业和迁移以及土壤、地貌、气候等情况的变异），除了一般位置以外彼此间没有联系，地理学就只是各国事物的目录或百科全书了。这种知识库可以满足一般肤浅的好奇心，对商人和政客亦有用，但不能满足哲理探讨的需要。这种知识上的兴趣[①]从人类最早历史时期以来就已存在了。旅客从外地传来了未经整理的和彼此不相关的许多现象的差异性，动脑筋的学者则把这些现象组织起来，并解释其相互关系。

如果这些早期作者多用了一些想像而事实少了一些，他们的途径至少是对的。在各地区许多现象的变异性之间，是具有显著关联性的，而各时代的地理工作者都关心于这个具体存在的关系的追寻和阐述〔1：120，237—40〕[②]。

赫脱纳及其追随者，为了强调这种关联性在地理学中的特殊重要性，用“因果相关”、“因果联系”或“相互联系的差异性”等词句来阐述或探讨这个地理学概念〔1：92，98，142，237f，240—43，335—37〕。然而，许多批评者从“地区差异”这个术语推理，说地理学限于“地区的辨认”或“地区间差异性的建立”，或“单纯描述”。

在斯佩特的若干评论中，探讨了这个误解的历史根源。过去在英国和美国流行的地理学定义，经常包括人与自然的关联性这

① 指哲理探讨。——译者

② 《地理学性质》一书第三部分C的标题将“地理学作为关联性的科学”这个概念标为“历史发展中的歧途”，是不对的〔1：120〕。在该部分头三段中已清楚地说明了作者所想说的。地理学和其他科学一样，企图“了解它所研究的现象的复杂关联性”。但是，地理学不能仅限于那些关联性的研究，特别不是“人地关系研究”。显然，关于“歧途”的标题应该是“地理学作为人地关系的科学”。（此处“人地关系”正确的汉译，应作“人与自然的关联性”，为了照顾传统的译法，姑仍作“人地关系”，下同。——译者）

个概念在内，因而认为“地区差异”这个定义太“严格”了，它“避免提到这个悠久的概念”〔89：15〕。但是，在任何科学中，现象的研究肯定包括其关联性在内〔1：120〕。天文学、经济学、地质学或动物学的学者为他们自己的科学下定义时，并没有提到“关联性”或“定律”，显然认为这是不言而喻的①。在英语国家的地理学传统中，唯一强调人与自然这个特殊关系的定义，将在第六章讨论。

正如赫脱纳在1905年所注意到的，地理学现象的关联性或因果关系有两类：在一个地方不同现象之间的相互关系，以及不同地方诸现象的关系或联系〔11：557；1：142，240〕。后者必然包括地区间运动在内。动物、水和空气，甚至固体物质，都从一个地方移动到另一个地方，从而产生地方之间的相互联系。

人类进入舞台以后，地区特性的动态方面变得远更重要；因为人类特殊本领之一，就是不但他本身能够从一个地方移动到另一个地方，并且能使其他物体同样发生移动。因此，特别在人文方面，地区间不但在形态上，并且像李戴尔所说的，在生理上亦发生了差异（为了避免与有机体发生混淆，“生理”最好改称为作用上的关联，包括其运动在内）。

乌耳曼曾建议：“地区差异”应该作为“空间相互作用”这个地理概念的衍生概念〔121：60〕。我觉得这似乎是由于对前一个术语的误解，如果对后一个术语并不同样误解的话。空间相互作用只能意味着不同地方现象的关联，而这些现象，不论在地方之中或在空间运动，都组成了有关地区特性的一部分。所以情况是倒过

① 例如查一查《美国大学词典》关于这些科学的定义。在该词典中，科学术语都由专业顾问编辑，引言中载有参与者的名录。

来的:静态特性或形式的变异以及动态特性或作用的变异,都包括在地区变异或地区差异这个概念之内。

过去就认识到两个方面[①]都是必要的。李戴尔就曾清楚地阐述过〔22:48f〕,赫脱纳在1905年关于地理学概念的阐述亦提到过〔11:552;2:117;1:142〕。赫脱纳并曾警告在地理学上夸大空间关联性而忽视地区差异性的倾向,他认为拉采尔应对这个倾向负一部分责任[②]。有些批评者关心到赫脱纳的概念并不能使地理学建立为一个独立而明确的科学,因为其他“地学”亦研究地区的差异。赫脱纳曾解释过:并没有这种清楚而截然的区别存在,因为所有的科学是一个整体,只是由于人力有限,才或多或少地任意加以划分〔2:110ff;1:142,368〕。地理学在分析地方特性中的全面观点,使它和重点分析特殊部门现象的系统科学迥然有别。这两种观点在特定研究中可以结合起来,正如一个经济学者可以应用历史的观点和方法。这种研究算为地理学的一部分,或算为系统科学的一部分,或两者都算,是分类上的一个次要问题,视特定研究观点所相对偏重而异。这个差别,在劳普根据洪保德的概念[③],探讨“地植物学”与“植物地理学”的不同时,获得了很好的说

① 指空间相互作用和地区差异。——译者

② 这并不是说乌耳曼倾向于这个夸大。他对“空间相互作用”的强调〔121;122〕,是对美国过去地理学思想过分强调地区形态和类型而忽视动态和作用的一个可喜反应。在《地理学性质》一书中,许多地方亦对这个观点进行了批评〔1:224—27;281ff,364〕,但在该书中缺乏对现象的空间相互作用的详细分析,这无疑地反映了写作时的一般态度〔1:vii〕。

③ 在考虑所谓地理学上“洪保德—李戴尔观点”时,伍特里季和伊斯特不聪明地认为洪保德在他的《植物地理学》著作中运用了地理学以外的观点,这样就使洪保德反对他自己〔93:27〕。洪保德在《植物地理学》著作中,阐述他的地理学概念是解释地理(包括植物地理学和植物学)上的差异〔1:77,84,135;105:100〕。

明〔113：346;128〕。地理学的唯一目的是通过共同组成地区变异性质的所有相关现象，来理解地区的变异性质。

结　　论

对讨论中的概念[①]所曾提出的反对意见，大部分针对代表概念的术语，而不是概念本身。不论对术语的反对意见是否正确，似可信服的证据指出单单术语本身是不足说明问题的。同时，它又说得太多了。因为，我们如果探讨一下其他科学，经过对比之后，可以认为：断言地理学研究"差异性"是多余的。每一种科学都研究差异性，否则，就极少需要研究的了。

我们因此可以避免许多误解，如果我们简单地说：地理学的目的是提供地球表面上变异特性正确的、有规则的和合理的描述及解释。在最简单的形式，正像"法国地理工作者之领袖"乔利所说的："地理学的目的是认识地球"〔52：14〕；他以后的阐述与我所添加的说明相符合。

这个说明并不是不言而喻的，这至少在目前是有好处的。每个应用的术语都需要并将得到解释。"变异特性"这个术语已在本章中详述。"地区差异"这个术语如果能以它的全面含义来接受，而不是按字典对该两个字的定义来解释，它宜于作为一个速记签条而继续使用，但亦可能具有危险性，并应限于懂得它所代表的含义的专业队伍中使用。

---

① 指"地区差异"这个概念。——译者

第三章 “地球表面”意味着什么？

把地理学研究的范围限于地球外壳是颇为新近的事。从古代直到18世纪，在一般认识中天文学和地理学并没有明确划分，统称之为“宇宙学”，因而没有必要去寻找地理学研究范围的确切界限。可能最后一个仍把它们看作一门科学的著名学者是洪保德〔1：83〕。

甚至在洪保德之前，康德似已把地理学和天文学看成两门独立学问，虽则他对两者都进行了探索。作为一个哲学家，他对地理学的兴趣限于地球有人居住的那一部分，“和我们有关联的，我们生活经验的舞台”。18世纪后半叶其他学者同样指出地理学的目的是作为“人类居住之处”来研究地球〔1：48〕。19世纪初，李戴尔和其他一些人肯定地指出地理学研究范围是“地球表面”〔1：41,62；22：47〕。①

在19世纪大部分时间里，许多地理工作者争辩道（不少是根据定义上的理由）：地理学(Erdkunde)应包括整个地球，但他们具体工作又几乎全部限于表壳，甚至球面测量亦依靠天文工作者。自从1883年李希霍芬所作的经典演说之后，很少地理工作者对地

---

① 李戴尔比《地理学性质》一书中所概述的更远为肯定地把地理学范围限于地球表层〔1：83〕。他虽然时常说到地球，但往往同时加上“作为人类之家”这个形容词句。

理学研究范围限于地球外壳发生过疑问——虽则这个限制似乎并不具有明确界线〔1∶115—20;57∶13〕。

不幸我们对地球的这个有关部分,迄未找到合适的术语。赫脱纳在1903年就说过:为我们想说的事下一个明确定义,是并不容易的。

"地球表面"这个术语在德国地理学界早已流行,自从李希霍芬的演说之后,就更深入人心〔1∶41,119〕。作为一个地质学家,李希霍芬起初把"地球表面"(die Erdoberfläche)这个术语看作岩石圈的外壳,它是地理学研究的核心,其他现象只是附加的。其后,他把直接研究的对象扩大到实际地面的上、下层,而仍用"地球表面"这个术语[①]〔21∶7f;12f〕。这个术语的双重意义,在英国地理工作者语汇委员会最近所建议的定义中亦获得了反映:"地理学直接研究地球表面,但通常包括直接影响地球表面的大气层和地壳在内。"这个说明不但像金维格所说的〔76∶159〕,使人文地理[②]所占地位只是根据"习惯",并且默认在地理学中地貌比气候更值得注意。

麦金德在1931年所建议的,但很少为人所采用的"水圈"这个概念,在划定地理工作者实际工作范围时更接近事实〔18;1∶

① "地球表面"含义的不确定可能促成了误解,把地理学研究对象与"景观"〔1∶149—58〕等同起来。"景观(landscape)"这个英文,正像我所建议的,在地理学中最好解释为"大气层下地球表面的外形",与一般所谓"地球面貌"相似。林敦在修改"landscape"的定义时,正确地注意到:"它可参考航空照片而加绘制"〔79∶27;1∶279〕(虽则不必像他所说需用垂直的航空照片,从不同可能角度的照片即可)。在德国地理界相应的术语并不是一般亦用作"区域"同义字的"Landschaft",而是"Landschaftsbild"。

② 人文地理(human geography)在西方各国地理界中,指主要研究人文现象(包括社会的、经济的、政治的和人口的)的那一部分地理学,目前在苏联及东欧称之为经济地理学。这里仍直译为人文地理学,下同。——译者

XXXII〕。但这个术语是含糊的,因为它可以包括也可以不包括大气层中的水汽在内;而我们又不是全部或主要研究水体。正像赫脱纳在1903年所说的:我们所关心的是一层具有一定厚度的外壳,固体、液体、气体以及有机体等因子在其中相互关联〔10:23;2:231〕①。

不幸,赫脱纳用来阐述这个概念的术语“Erdhülle”(“地壳外层”或“地球外层”)并没有被接受以代替传统术语“Erdoberfläche”(地球表面)。李希霍芬曾用“Erdhülle”这个术语来描述地球表面之上及之下的空间〔21:8,16〕。同样李戴尔在1833年著名的讲稿上,用同一个术语,称地理学是“地球外壳的充满空间”(die erfüllten Räume der Planetrinde)的研究,他并进一步强调地理学的研究开始于地球表面,其后随着每一个新观察工具的应用,就向下加深一些,向上提高一些。

“地表外壳”这个术语最近为特罗耳〔47:163〕,特别是卡罗耳〔32:113f;33〕所重新起用。卡罗耳认为地球外壳是“地理学研究的本体”(Geographische substanz),它由岩石圈、水圈、大气圈、生物圈及人类圈等五个不同领域的因子统一组成,统称之为“地圈”。但有必要指出:只有“地圈”是一个具体的实物,其他术语只表示一个抽象的分类。

替地球外壳的具体分段(这构成地理学研究的对象,范围比整个世界为小),寻找一个恰当的称呼就更困难了。假如选用“地区”

① 赫脱纳的概念在思想上与李希霍芬1883年的演说相呼应〔1:19〕。费达耳—白兰士在1913年用了一个很近似的阐释,他并注意到岩石圈的实际表面由于或多或少地保留过去改造的痕迹,而具有特殊的意义。

或“区域”这个术语,就必须理解它具有地球外壳所具有的厚度①。

在本书写作过程中,出现了一个新的问题。人类已经第一次把人造卫星投入大气层之外,即投入我们所称的地球外壳之外,并且不久将达到月球。这是否要改变地理学的定义?在语源学上,可以允许“地球”一字包括它的人造卫星和月球卫星在内,但当火箭投射到其他行星上时,逻辑上就会发生困难了。

这个问题将不单纯从语源学上或从逻辑上解决,而将依靠习惯用法。在用实际经验证明之前,目前任何答案都只是预测,这并不属于本书讨论的范围。目前就我们所知,没有一样地理学的方法和工具将在外层空间探讨中具有很大重要性。

结　　论

用通俗的话来说,正像康德和利曼所建议的,阐述地理学研究范围最简捷的提法是单纯“世界”一词,而不企求更明确的定义〔1∶119〕。作为一个更技术性的术语,“地球外壳”最接近事实。但是,“地球表面”这个术语在我们的文献中已是根深蒂固,并且亦还差强人意。这只是在理论探讨中遇见的困难,在具体工作中并无实际争论。把一个“外壳”叫作一个“表面”,在语言学上是一个歪曲,但在数量上这个歪曲是微小的,因为我们所研究的地球外壳的厚度仅为其圆周的千分之一左右。

---

① 卡罗耳建议称这一地球外壳分段为“geomer”,由希腊文的“地圈”(geosphere)与“整体的一部分”(meros)组合而成。他又相信:德文中的“Landschaft”可给予同样的定义。但这在通常的德语用法中如有可能的话,英语中的“landscape”却肯定是不可能的。

第四章　研究复杂现象的统一是地理学的特点吗？

一个人只是读一读美国地理工作者协会任何一个年会的论文节目表，就可以看到地理工作者所研究的现象是极其多样化的。"地形坡度"，南方[①]的"新种植园"，现代工业的进出分析，城市的结集，9世纪的农业，地名，文化地区，民族国家之间均势以及许多其他题目，都成为地理工作者的直接研究对象。再则，单是一个小地区的研究，可以包括同样繁复的题目。

在知识发展的较早时期，这种复杂性是被认为理所当然的。地球和宇宙被认识到是由极繁复事物所组成的，学者应尽量探究这些事物。然而，甚至在经典时期[②]，人们就学会（在现代科学发展初期又重新学会）：如果加以系统组织，关于宇宙的探索就会进行得快的多，可靠的多。个别学者和集体就可以在特殊问题上专门化，用不着熟悉所有知识的所有文献，就可以利用前人的发现。

在这个基础上，物理学和化学发展而为独立的虽则是相互关联的学科，各自集中研究某一特定范围内的物质对象。其他科学的学者将自己领域限制在特殊项目：例如植物学者的研究植物，动

① 指美国南方各州。——译者

② 此处所谓经典时期，大约指公元前后的古希腊时代。——译者

物学者的研究兽类，气象学者的研究大气层，地质学者的研究岩石。同样，研究人类社会的学科（经济学、政治学、社会学等）亦都各自集中研究社会生活某一特殊方面。

当然，这些区分并不是绝对的。一个研究北美洲湿润草原的植物学者可能需要考虑印第安人火焚草原的影响，但他的注意力集中于植被上，并不将印第安人的文化作为植物学领域的组成部分。

上述诸科学，一般称之“系统科学”①。但应该指出：按照所研究对象的种类而划分知识领域，并不是唯一的可能组织系统。

地理学与这些“系统”科学显然不同，虽则它与它们之间是不可分割的。自从伐伦纽斯建立“普通地理学”（或者“系统地理学”）以来，几乎任何著作的目录都表明：地理工作者把其他科学所研究的对象的相同资料作为自己领域的组成部分〔1：130f,434〕。

问题的认识

美国的地理工作者很早以前就认识到地理学的这个特点。以手边的资料举一个例，鲍曼1934年喊道：“多少的自然学科及其新事物包括在内！……地理学是一个有系统地提供区域综合的学科。”〔5：39〕

在英国，1887年麦金德在他最早的方法论论文《地理学的范围和方法》中讨论了这个问题。他争辩说：自然地理和地质学虽则

① 可能从“systema naturae”中衍出这个术语。18世纪或更早的作者泛指按种类划分现象〔14：65；105：101〕。

“部分数据是一样的”，但是，“对一样的数据，从不同的观点来观察，排列方式也不相同”〔16：145〕。人文地理（当时在英国称之为“政治地理”）主要依靠历史学也应用的数据。因而，地理学的两个方面[①]被看作彼此独立的领域，这对人文地理起了巨大损害作用，使它和自然环境丧失了必要的联系。麦金德劝告说：地理学成功的发展道路，需要将它当作一个统一的学科，虽则它包括很复杂的现象。

麦金德1887年纲领式的发言，反映了当时在德国地理界流行的观点[②]。这些观点建筑在洪保德，特别是李戴尔关于方法论的论文等经典著作的基础上。后者又曾经佩歇尔、马尔思和拉采尔等人批判整理。

在李戴尔的探讨中，不但接受了现象的复杂性，并且强调了这是地理学主要特点。现象的多样性及其相互关联性，决定了地区的特点；通过地区特点的研究，地理学作为一个知识领域，获得了统一性和独立性〔1：565〕。洪保德甚至更明白地阐述每一个研究现象相似性的系统科学和必须研究巨大复杂现象的地理学之间的显著差异。这虽然使相关法则的建立和应用较困难，但它对地理学的特殊任务是必要的，“在复杂性中理解统一性”（Erkenntniss der Einheit in der Vielheit）〔14：55，65〕。洪保德曾在许多文句中发表过的这个观点，主要熟悉他的部门研究（例如植物地理）的读者可能没有发现，但在他关于西班牙美洲地区[③]的区域研究中，

① 指自然地理和人文地理（目前在苏联和东欧仅限于经济地理）。——译者

② 麦金德1887年的发言虽没有直接表明他熟悉德国地理界的工作，但我们知道，到了1895年他运用对那个国家的资料，写了《现代德国和英国地理学》一文。

③ 指拉丁美洲旧西班牙属地部分（巴西以外的整个中美洲及南美洲）。——译者

是清晰地予以阐述的①。

洪保德和李戴尔死后，地理学在德国大学中并没有地位，这种情况一直继续到1871年德国统一之后10年的大学迅速发展时期。19世纪70年代的发展时期，给地理学带来了一批人才。他们多未曾受过地理学的专业训练，而是从许多其他学科出身的〔1：106;41：411〕。观点的巨大分歧导致了激烈的方法上讨论以及自然地理和人文地理的日益分化②。

这个观点上的分歧，到了格兰达于顶点。他建议：为了保证地理学在系统科学分类中占有独立地位，它的研究对象应限于地球的自然现象〔1：89f;106—15〕。他误解了李戴尔著名的词句："地球表面为地球事物所充满的地区"(die irdisch erfüllten Räume der Erdoberfläche)；而争辩说："一个由充满地区的复杂事物所组成的科学，由于它们的复杂性，是不可能的。"〔1：57,114〕当时的批评者指出：甚至在格兰的限制之下，地理学仍将包括许多繁复现象，相当于天文学以外的整个自然科学。假使复杂性必须排除，他的建议只是一系列在逻辑上使地理学解体的步骤。

甚至在格兰提出建议之前，1883年李希霍芬在莱比锡的就职演说就标志了这个时期方法论上的成就高峰，他所发表的观点，其后几十年为德国绝大多数地理工作者所接受〔1：91f〕。李希霍芬根据洪保德和李戴尔的阐述，认识到地理学在科学上的独立性，并不在于研究任何特殊的现象，而在于它的观点和方法。地理学的

① 《地理学性质》一书中关于洪保德方法论上观点的阐述，斯蒂文斯—米德汤在"洪保德著作的方法论方面"一章中予以证实并大加补充〔129：199—246〕。

② 关于这些争辩，可以参考瓦格纳《关于地理学方法的探讨》一文的一系列批判性鉴定(《德国地理年鉴》，卷7、8、9、10、12、14，1878—1890年)。

独特目的是在将地球表面上现象的多样性组合而为统一性（Vielheit zur Einheit）的研究。地域观点是在分析：地区最复杂的事物如何通过因果关系会合起来，而构成世界上不同地区以及整个世界的特性〔21：25—28，65—67〕。

几乎半世纪以后，克腊夫特从一个哲学家的观点，观察了地理学："石头、植物、动物和人类，都是本门学科研究的对象，只有在它们对地球表面具有重要意义或组成其特性时，才构成了地理学的研究对象。"〔1：143〕

在法国地理工作者的著作中，从费达耳—白兰士的最早方法上讨论〔26〕以迄最近，亦可找到相似的阐述。乔利把地理学和自然及人文系统科学的目的作了对比："把个别事物（气候、地形、植被、人类活动等）加以孤立和分类，只是一种抽象的形式，但地理学所研究的实体是它们多样化的组合，即它们所形成的多种环境（milieux）。"〔52：14—15，21—25〕

19 世纪末，德国地理工作者所提出的关于地理学通过异常复杂的现象组合来研究地区特性和相互关系的结论，并不是从地理学和其他科学关系的任何理论中演绎来的，而是从他们自己的经验中，从前人和他们自己的地理工作中归纳而来的〔1：98〕。

一般说，目前绝大部分地理工作者与所有历史时期的同行一样，接受玉米、土壤、森林、地貌、铁路、城市及国家等等作为合适的研究对象。然而，大多数地理工作者感到对其他领域的科学工作者难以解释地理学到底研究些什么。

逃避这个问题的企图

为了就什么特殊现象组成地理学研究对象这个问题提出答

复，上一代地理工作者曾尝试发现或发明惟有地理学可以研究的对象。“景观”（德文 Landschaften）被认为是具体对象，同时，感谢德文中的双重意义，可以作为一定范围的地区〔1：149—58〕。因此，发展了“区域”这个概念，它是实际存在的，不可重复的具体对象〔1：第九章〕。这些企图，已随着历史而消逝了。寻找理由，从而使地理学被公认为一个系统科学的顽强意愿，反映在再三企图使“区域是实体”这个概念的复活，虽则远在一个世纪以前布歇已指出这个概念是虚妄的〔1：46，268〕。

假使这些企图代表着导向专门化的努力，使研究现象限于较狭窄的范围，它们就值得予以严肃的考虑。但是，甚至假令我们能够建立“景观是区域，区域是对象”这个理论的前提，从而说地理学的独特研究对象是区域，这仍不能改变研究区域就必须直接研究巨大复杂现象的事实。甚至假令我们把地理学限于研究可观察的实物，这仍将直接关系到巨大数量的不同种类的对象；再则，由于人类创造的实物是非物质因素（习惯、制度等等）的产物，这个理论上的限制实际上并不能减少地理工作者所必须分析因素的多样性〔1：218〕。

正如麦金德 1887 年所指出的，地理工作者并不能依靠缩小研究范围而获得专门化，“在这方面，不论自然地理或政治（人文）地理都将和整个地理学一样庞大。”专门化必须通过个别或集体地理工作者在地理学本身之内进行，但是“作为在地理学之内有效果的专门化之基础，我们坚持应该教授和抓紧整个地理学。”〔16：145〕

同样，我们不能用地理学限于研究一个地区的现象之空间排列而不研究现象本身这个说法，来逃避地理学必要的复杂性

〔116：228，243f；104：214，237〕。因为，对空间上相互关联的不同现象进行解释，就需要了解现象本身的特征。

"复杂现象的统一"

构成地区特征的现象之相互关联性的综合，是统一性的一个形式，虽则这并不是科学工作中动用综合法的唯一例子。一个系统科学的研究，不但包括了一些(可能是许多)因素的分析，还包括它们的综合。再则，例如在一个植物学的系统研究中，需要考虑的因素可能是颇为复杂的，包括气候、土质、动物及人类活动等等。但是研究工作从选择一个特定目标(植物)开始，在想像中把它从周围复杂的现象中抽出来，甚至可移到实验室中加以分析，并成为研究工作的最后焦点。相反地，地理学的研究工作从开始就集中注意力于现存的不同现象的存在〔1：67f，145f，283f，373；3：465f；57：8f〕。那就是说，它从一般人亦可以观察到的事物实际排列和相互关联开始〔27：299〕。

地理工作者和一般观察敏锐的非地理工作者虽则在同一起点开始，并且每一方面都必须从一个地区的所有可观察现象中选择和强调某些特定现象，但是，地理工作者为了分析地区的变异特征，必须采用一些系统的和有目的的选择方法。在一个时候，集中注意一种现象，他就可观察到那个特定现象在与其他密切相互关联现象的联系中所显出的变异性质。通过这个方法，他可建立特定现象的存在系统和地区类型(这不是一般非地理工作者所能观察到的)，并且通过不同现象的地区类型的比较，引导到不同现象之间的过程相关性的理论。

在《地理学性质》一书中，比较了地理学和文化人类学的性质。安特生从而提出了一个相当于几十年前格兰所挑起的问题。他根据 L. 怀特和克虏伯的观点，断言说：知识的发展，需要在现实的无机、有机及超有机（或文化）三大类中分别进行独立的探索；地理学既将不同类的现象加以聚集，“因果关系的发现必然是极其困难的”〔97：133—35〕。

我们必须假定：安特生并不是说一个植物学者研究植物可以不考虑气候或土壤的不同，或者文化人类学不考虑文化的无机和有机基础的不同。没有疑问的，一个系统科学工作者具有很多便利，他可以偏重于用无机过程，或有机过程，或文化过程来考虑关联性。地理学既包括两大类或三大类的变异，因果关系的发现肯定是比较困难的。然而事实是：在我们所生活的世界，这种复杂性是存在于统一性之中的，它们因地区而异，并组成了世界的现实。把那个现实划分为若干独立的科学，可以提供这些统一体的若干不同部分的解释，但它不能为地区的整个统一体提供综合描述或解释。整个现实在那里等待研究，地理学恰就是经常被召唤去研究那个现实的。这种研究是否可以称为“科学”，是一个词义上的问题，留待第十章讨论。

以后（第九章）我们亦将考虑，地理学的方法如何将地区极其复杂的整个特性分裂为可掌握的单元，以及如何去理解不同地区所有这些相互关联现象的统一复合体。但这里应予指出：在划分区域变异现象的整个统一性时，我们并没有发现无机、有机及文化现象自成单元，它们都构成了整体的比较紧密组成部分。一般人类生活依靠动植物，动物生活依靠植物，以及植物生活依靠无机界的事实，并不意味着不同类现象之间的个体关联性遵循着同一次序。

因此,在研究植物的区域变异时,我们不能认为它分别和雨量、温度、土壤无机质、坡度和水系等因子发生联系;这些因子是在多种方式下相互联系着的,或亦可能不联系着的。一个紧密统一体的建立,是植被本身的事。同样,文化现象可以直接与某特定无机现象相关联(例如采矿工业之与矿藏相关联),而很少或没有其他无机或有机因子的参加。

所以,地理学研究无限多样化现象的极多样化相互关联性。这不能视作地理学性质的副产品,或为全部科学所共有而仅在地理学较为显著。地理学作为由全部事物作全面组合而构成的地球表面的研究,这是基本目的。研究个别项目的现象应划归系统科学。地理学的明确目的是研究地球上现象的变异性,这些现象在分类上不论属于什么种类,总是相互关联地存在着的。

与其他学科的比较

把研究几乎无限复杂现象的地理学和选定特定项目作研究对象的许多科学作一对比,并非说地理学在科学中是独特的或例外的。几乎所有接受这里所阐述的地理学观点的地理工作者,都认识到历史学是相似的〔1:183,283〕。洪保德特别指出:不但人类史,并且所有生命史和地球史,在这方面都和地理学特别接近。

洪保德认为天文学在逻辑上是与地理学相似的,两者共同组成一个研究宇宙中差异性的统一体的科学。但是,由于可观察现象复杂程度的巨大不同,使天体地区比地球地区的研究远较单纯〔14:56—59〕。其他注意到天文学研究复杂现象的学者,包括法国的伐劳和美国的 W. M. 台维斯〔1：142,371〕。

结　　论

每一个科学部门所直接研究的现象都在某种程度上呈现性质变异，而每一个科学部门都研究这些现象和其他现象相互关联或统一的方式。但在我们称之为系统科学的，由于每一个这类科学都选择某一现象作为自己的研究对象，复杂性的范围是有限的，统一性的程度亦只是局部的。在那些以某部分时间或空间作为研究对象的科学，则所分析的统一性是无限繁复的，而所研究的复杂性只受到该部分时间或空间之内存在着和变化着的现象所限制。

地理学以外的空间科学①，迄今所能观察到的现象限于无机物质。在历史学，由于文字记载短暂的限制，自然现象相对稳定，因而它所研究的统一体的变数，大部分限于人文因素。就我们所知，由巨大复杂的无机质、生物和社会现象所统一组成，并在重要相互关联上各地变异的地球表面，是一个独特的研究对象。所以，认识地球表面这个地理学目的，可能包括比任何其他科学远较复杂的相互联系现象所组成的统一体之分析和组合。

① 在本书中，空间科学（space sciences）和地域科学（chorological sciences）意义是等同的。——译者

第五章　地理学上的“重要性”如何衡量？

谈论地理工作者分析研究复杂现象的地方综合体是一回事；怎样完成这样一个分析研究（正如 S. 周恩斯在讨论《地理学性质》一书和本书初稿的某些部分时，与我通信所指出的），是另一回事〔参考比较 34〕。真的，在前一章所阐述的基础上，我们必然会认识到“综合体”(total complex)的全面分析不但是不现实的，并且不宜作为理论上的目标。因为这样一个目标，甚至在一个单纯的小地区，就需要分析无限多的并不能相互比较的因子，一个五英尺高的书架还会不足以容纳所产生的出版物。

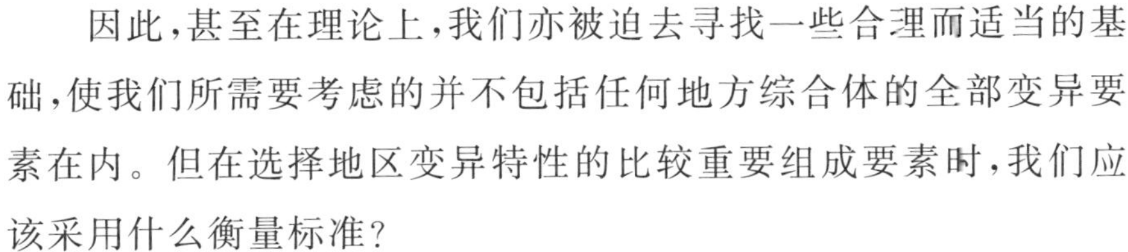

因此，甚至在理论上，我们亦被迫去寻找一些合理而适当的基础，使我们所需要考虑的并不包括任何地方综合体的全部变异要素在内。但在选择地区变异特性的比较重要组成要素时，我们应该采用什么衡量标准？

曾经提出过的多种解决办法

20 年前，一大批地理工作者企图以地理学研究限于自然事物，或甚至可观察的对象，来答复这个问题。对这个观念进行彻底检查之后，表明这个限制是违反地理学发展的，所产生的问题尚多于所解决的问题〔1：第七章〕[①]。

乔利在讨论地理学的基本原则时，劝告说：由于最终目的是对整个世界的认识，合理办法是只考虑那些经常组成世界的物质，而不管偶然或局部的现象〔52：14，19—21〕。重复出现于世界上的现象对整个特性的重要性肯定超过那些独一现象的。但是，我相信乔利会认识到：一个限于考虑一般事例的地理学，不会去描述和解释个别地方之间的特殊现象组合，而每个地方都是独一的。

再则，局限于一般事例并不能使地理学避免李戴尔很早以前所指出的危险，即从其他科学承受了一般项目“甚至到最小的昆虫和苔藓”，因而地理学“涂上了其他科学的色彩而没有发展它自己的独立特征”〔23：28〕。

正如我们所引述的，也是大多数学者所同意的，地理学的独立特征是它研究现象的统一组合，而这些现象在空间上彼此相互关联（在任何一个地方的相互关联以及贯穿空间与其他地区的相互关联）。在这个基础上，赫脱纳在1905年首次发表的论文中总结说：地理学所研究的，只包括那些产生地球表面变异特征的现象，因为它们的变异性与其他现象的变异性在同一地方或在不同地方相互关联〔2：129f；1：240ff〕。

在实践上考虑从无数作地区变异的现象中应选择哪些现象包括在地理学研究范围之内的这个难题，上述总结近乎一个普通常

① 根据乌利季的报道，在德国地理界，这个争论虽未解决，却已在实践上丧失其重要性。并不是整个地理学，而是其重要组成部分之一的“景观学”，研究范围限于可见的事物，对景观外形的解释又回过头来考虑有关的不可见的或非物质的因素〔48：1—5，17—22〕。这个起初将非物质现象排除，其后再进行考虑的概念，不论它在开始时有什么价值，对限制地理学研究现象并不是一个有效的方法〔1：213—15〕。

识。没有疑问，大多数地理工作者在实际上是多少遵循这个法则的。和历史学不能将所有曾发生过的事物记录下来一样，地理学不能将地区所有事实加以说明。在这两个研究现象统一性的学科中，如将那些与其他现象很少联系或没有联系的现象删去（不管那些现象本身如何显著），将并无损失。相反地，正如格腊曼在1919年所阐述的，“个别事物（在地理学研究中）的重要性随着它在多方面和内部及周围现象作因果关系相互关联的规模的增加而增加”〔1：242〕。

格腊曼的阐述提醒我们：我们所关心的并不是建立法则，排除这个或那个题目或现象。实际上我们不能肯定赫脱纳所定的标准，如果从反面去考虑，将必须排除地球表面上的任何现象——谁能够说它不在某一方面与其他地区现象关联着？但由于可以考虑现象的种类和数量是如此庞大，并在整个图景中重要性程度的差别是如此巨大，严肃的学者必须创立正面标准，去选择比较重要的，而舍弃次要的。

在实践上，我们通过一系列试探的过程进行选择。由于我们不能开始就研究地区变异的整体，我们必须从一个特定方面或题目开始，在许多地区的一般知识或某一特定地区的路线考察的基础上，我们相信这是与其他地区现象相互关联而组成一个重要研究方面的。但经考虑之后，情况可能并不是这样，所选定的题目实际上在地区变异上与其他现象很少关联，因而对研究地区变异的整体意义不大。这样一个研究主要对该现象本身的认识具有价值，应划归该现象所属的系统科学的研究领域。

假使开始时所选定的地区变异现象确对整个地区变异性起着主要作用，那么，对这个变异现象的分析研究必然会引导到其他与之关系着的变异现象。任何这样相互关联着的事物就包括在研究范围之内，其程度随着相互关联性的程度而异。由于重要的相互关联性可能是不明显的，时常需要先假设一些可能或非不可能的关联性，予以检验，然后再能决定它们是否应该包括在研究范围之内。

假使研究范围包括一个地区的整个地理情况，对最初选定现象所有明显的关联性或联系性的探讨可能仍不能满足整个地区变异性研究的需要，这样，就可再从一个似乎独立而重要的与其他地区变异现象相关联的新项目开始。在这条新道路上的追踪，学者很可能会发现第一套地区差异性所包含的关联性，而当初却没有看到。假使所有的关联性都被发现，就很能通过一个地区变异重要项目引导到另一个与之关联项目的连续发展过程，最后产生了所有重要关联着的地区变异的分析。如果由于资料的缺乏或关联性的未能发现，产生了不连续，就有必要进行几个新的开始。

有些学者批评了这种偏重以相互关联和相互联系来决定不同地区变异现象对地理学相对重要性的相关法，认为这倒退到“环境论”原则或“人地关系研究”地理学概念的窠臼里去[①]。这个反应似乎渊源于对“关联性”在地理学中的意义和地位的某些误解。

首先，当我们说地理学研究由相互关联现象所组成的复杂要素时，并不是说关联性构成研究的主题[②]。假使现象之间除罗列

① 50多年前，施路特对赫脱纳选择现象的标准提出了这个责难，当时他们两人都在对“环境论者”的地理学概念进行斗争〔参考1∶120—26，特别是注47〕。施路特本人倡议：地理学研究限于肉眼可观察到的现象〔1∶190〕。劳顿萨赫在最近研究施路特对方法论的贡献时，复活了这个争辩，我感到劳顿萨赫所说的，只是一个方面（指施路特——译者）有力的节略。

② 参考第二章第五个原注。

并陈之外,别无相互关联性,地理学将是很少科学价值的一部百科全书。

第二个误解由于环境论者习惯于将地理学中的"关联性"一词单纯指人地关系。因此,乍听起来,这个标志和环境论者的论调相似,后者似乎只为了自然而研究自然,而把人文情况附属于自然。我们必须排除地理学特别关心人地关系的这个观点。在产生地区变异特性之统一要素的分析中,任何不同因子的组合都是重要的,例如植物、气候和土壤的组合之产生植被变异性。

地理工作者在考虑自己的研究工作应包括哪些自然要素时,事实上一般都忽视在本身或与其他因子的统一中的、对地区整个统一体贡献很少的那一些。我们只偶然与磁偏差、化石分布或无数的地层详情等地球变异现象发生关系,地质工作者却认为这些现象在研究中具有重大意义。

由于人文现象具有无限数可观察的区域变异,选择问题具有更大重要性。普刘提出了一个例子:西欧地理的研究,是否应该包括国家艺术陈列馆搜集品内容的差异、莱茵河上铁路桥梁的建筑类型,或教堂建筑类型等项目在内〔41:412〕?没有必要事先给这问题一个答复。只需要说明:任何因子在地区差异性上的重要性应该看它与其他因子相关的程度。在许多情况下,学者很可以节省时间,判断这关联性是不可能的;在更多情况下,相关的程度只能通过调查研究来决定[①]。

① 施路特反对赫脱纳说(最近劳顿萨赫重复了这个反对意见):他的论点是一个封闭的圆圈,除非现象彼此关联,一个学者就不进行研究;但是他不知道它们是否彼此关联,除非他进行了研究〔36:225〕。然而赫脱纳曾阐述过,这个问题在所有科学研究中都是存在的;必须探讨可能的关联性,而它们亦有可能证明是条死胡同〔1:241〕。

不管上述的理论争辩，大多数地理工作者在决定哪些现象应加强调，哪些现象应予忽视时，似乎或多或少地遵循着赫脱纳所订的标志。但是，我们如果在原则上同意：我们最关心的是那些直接或间接对地区特性贡献最多的要素，那么，如何来衡量这个相当空洞的"特性"（Wesen）概念？相反地，地区外貌（landscape 或 Landschaftsbild）的概念具有可衡量的性质，但正如施路特被迫承认的，单纯外貌并不满意地提供重要性的衡量〔1：192〕。显然，正像普刘指出的，大多数德国地理工作者在实践上对两个概念都不满意，而回到"地理判断"上去〔41：413〕。

实践上的判断

在探索一个健全的理论时，暂撇开理论，而考虑一下地理工作者实践上已做的，倒是有益的。克腊夫特从哲学观点看地理学，总结说：人类及其所做之事在地理学上占着比该门学科的标准定义重要得多的地位〔15：5f〕。为了答复他的诘难，在《地理学性质》一书中强调了人类在产生地球表面各地方差异性的主要地位〔1：144〕。事实上，赫脱纳亦说了很相似的话，他解释人类在地理学上的重要性，是他的选择物质取决于"对其他现象的重要性"这个法则的特殊事例〔2：131〕。同样，德方顿谈到：人类（homo faber）作为一种外营力，对地球表面的特性具有最巨大的影响〔54：5〕。

我觉得这些答复仍未能充分解释为什么我们在地理学上如此进行选择。它们没有提供对"重要性"的衡量，特别是在人类影响很少的地球要素的研究中。

假使我们考虑气候学，很清楚地表明：地理工作者在这个领域中所探讨的,不是最后对人类具有重大意义的气候因子的分析和衡量吗?赫勃生在绘制他的经典图幅"自然区域"(实际上基本是气候区)时,认识到他实际上所指的是"根据对人类重要性来衡量的自然区域"〔1：300〕。

在地貌学上,外貌没有问题是主要指标之一。在世界上,丘陵所占的土地面积超过山地,但后者具有较大的意义,由于它们控制了景观[①]。但是,"外貌"只是对观者才是一个有意义的字眼。所以,一个地区的外貌,作为它的特性的属性,是它对人类重要性的一部分。假使考虑到较详细的地貌描述,例如高度和坡度,所注意到的差异亦取决于对人类重要性的差异。

在许多德国地理工作者所参加的集体工作德国"自然地区"区划中(die naturräumliche Gliederung Deutschlands)〔43〕,这个论点获得了最明晰的说明。正如施米素散所指出的,划分地区的指标虽则"严格地限于自然因子",实际上它们是通过对天然植被和人类利用的重要性而加以衡量的〔参考比较 32：120〕。

事实是:在整个历史时期,地理工作者并不把地球单纯看作是一个自然体,而是一个作为人类之家的自然体〔1：48;87：419f〕。第一部系统地理学巨著的作者伐伦纽斯,论证了地球至少与宇宙所有其他部分一样重要的观点,理由是"地球不但是我们的家——人类居住之所——我们并且从她那里发源,她又给我们以生存和传后代的生活资料"〔根据 J. N. L. 贝格的叙述,62：60〕。

就李戴尔及其追随者而论,研究地球上自然现象之目的是在

① 可以提到,赫脱纳偶尔在他所列的关于选择资料的指标中,除上述以外,包括了一个地区上"对外貌具有重要性的现象"〔2：231;10：23〕。

显示地球作为人类居住和哺育之地的神圣安排。甚至那些拒绝他的目的论观点而为了自然地理本身进行研究的学者，亦同意把它们的研究作为地理学的一部分，因为一个自然地理的了解对人文地理是必要的。伍特里季和伊斯特写道："自然部分是整个地理学的基础"〔93：40〕。同样的说法可以从许多法国地理工作者的著作中找到。

的确，很难想像地球上非人文要素的研究能够不考虑它们对人类的重要性。在我们文献中通常用来指这些要素的术语"自然环境"，即指人类的环境。正如苏尔所指出的，"环境是一个文化上的估价"〔115：8〕；我们所称的"自然环境"，只能用居民的认识和愿望来体会；而"自然资源"实际上是文化上的估价〔引金维格的话，76：160〕。斯佩特为了指出"不考虑'什么样的环境'而离开环境的居住者来考虑环境的错误"，幻想地建议一个"鱼类地理原理"的研究〔87：419〕，《地理学性质》一书亦建议为了蚊虫或红木树而绘画"自然区域"〔1：300〕。

但把自然作为"自然环境"是一个特殊的方向，并包括一个特别的假说，"环境论者"认为人类为他居住之处的自然条件所影响或所决定。在1905年，当这个概念在德国还有一些拥护者时，赫脱纳就抨击了自然地理学研究地球表面"只作为人类居住和哺育之家"(nur als Wohn-und Erziehungshaus des Menschen)的观点；这是渊源于李戴尔目的论的一个歪曲。"土地的性质首先是为了它本身，并且必须为它本身进行研究和了解"〔11：560；2：125〕。但是，如前所述，在土地的整个性质中我们应该选择什么来进行这个问题的研究，我们没有得到明晰的答案。

基 本 理 论

为了寻找对我们的问题的答案,可以问我们自己一个最初步的问题:为什么会有地理学这门科学?为什么对整个宇宙的这样一个微小部分花费这么多的精力?并把这样一个微小部分再划分为更微小的部分,而归根到底我们仅在这些更微小部分中找到由大致相同因子所组成的组合变异?答案肯定是:这个宇宙的微小部分,包括从天体中或从地球内部进入的光和热在内,实际上就是我们的宇宙,是我们生活着并且能够直接体验的世界。对天文学者只是无数银河系统之一的一个较小恒星的一个次要行星之外壳,对整个人类而论却是我们的世界,并是我们所认识的唯一世界。

地理学与所有科学一样,以人类为中心,因为只有人类才研究科学。作为地理学研究主题的世界——甚至在那些无人之区——应该理解为人的世界。

乔利极肯定地认为这是他对地理学性质研究的最后结论,我们用原文重述他的一个经常为法国其他地理工作者所响应的阐述:“La conception géographique s’avère en définitive comme une sorte de philosophie de l’homme considéré comme l’habitant principal de la planète”(地理学最后的概念,是人类作为地球上主要居住者的一种哲学)〔52:121〕。但这个阐述是易被误解的,我觉得娄拉瑙所说的方式就大为变质了,“地理学是人类作为地球的一个居住者的一种认识”〔58:273〕。我愿意重加阐述:地理学是人类作为地球主要居住者对地球的研究。

为了检验一下乔利的意见，让我们假定人类用自己所发明的力量毁灭了自己，最后为一种有文化的虫类所承继，它们并学会了我们的文字。它们可能很少改变地就接受了我们的物理学、化学以及其他大部分自然科学，但可能有必要重写自然地理学（更不必说“人文”部分）。在地貌、土壤、气候和植物的研究中，它们会断言：我们忽视了主要特征，而代之以对它们这些新承继者很少意义的特征〔1∶299f〕。

总之，地理工作者不论分析地球表面上的什么要素，都不可避免地以它们对人类的重要性来衡量。施米特纳（部分参考普刘的意见）可能将这个原则用最清晰的方式表达出来，“In der Geographie…ist der Mensch das Mass”（在地理学中，人是衡量）〔44∶128〕。

以人的志趣作为地理学所有部分的重要性之衡量标尺，当然并不是提供一个单一的、独一的指标。正如伍特里季正确地坚持的：“我们地球上的家”，并不单纯是经济活动的舞台，它亦是（对每个婴孩论更是第一位的）“一个美丽和有趣之事物”；人类应该了解“我们地球上的家是如何建成的，它的风景和它的天空类型又意味着什么。”〔92∶45—47〕[①]

这同样是正确的：地球上的要素，对不同文化或不同时期的民族，或同一时期和文化的不同集体和个人，都具有不同的意义。因此，作为人的志趣的地理学，仍拥有巨大不同和多种不能相互比较的志趣。甚至按自己癖好而进行选择的学者亦可被认为对地理学

① 此处引述伍特里季的话，并不是说他同意本章所述的意见，但我如果正确理解这些阐述，并推论他对地貌学在地理学中作用的观点，他所关心的正是地貌及其他自然要素应按它们对人类的重要性而加以衡量。

具有贡献,但是他必须接受他人并没有义务与他志趣相同的现实。

在地理学研究中,按照对人类的重要性而进行选择这个问题是经常存在的。阿孟曾和斯考特对南极洲的极地探险,就当时对重要性的认识而论,曾进行了彻底的地理调查;但到了今天,可能需要进行全面重新调查,这并不是他们有什么错误或南极洲有了什么改变,只因为当时他们并没有想到勘探一下那个广大地区的任何部分是否有铀矿床的存在〔参考 1 : 300〕。

结　　论

假使我们承认地理学上的“重要性”要有意或无意地按它对人类的重要性而加以衡量,我们即可将这个衡量增加到赫脱纳选择地区研究所应包括要素的标志中〔1 : 240,242〕。在一个研究中的任何地理学部门,或就人类重要性而衡量的整个地区变异性中,景观中显著的或奇特的对象或形式会引起超比例的好奇心。任何自然或人文现象在地理学中的重要性,其范围和程度取决于它与同一地方的其他现象之相互关联性,或它与其他地方的现象之相互联系性,所引起的那些现象的地区变异性以及整个的地区变异性(按人类的重要性来衡量)。这种相互关联性不一定需要是人文要素与自然要素之间的;引起自然植被差异的气候差异,比那些并不引起的,对人类而论是更重要的。

地理学从地球要素的无限变异性中选择那些对人类重要的变异性的结论,同样亦解释了地理学研究范围限于作为人类世界的地球外壳的历史事实。在这个意义上,我们可以接受 18 世纪以来无数学者所说的:地理学研究“作为人类之家的地球”〔1 : 48,60,

61,63〕。

然而“家”(home)这个字,不能按字面解释为“住宅”(domicile),或像阿利克斯所说的仅指人类占有的地区〔49:296〕,亦不是我们传统的“环境”的意义,而是指组成我们所谓世界的全部物质宇宙。它不但包括地球岩石圈和水圈的外壳以及我们活动中的下层大气圈,同时亦包括可见的天空,后者在地球上各处的云量、透明度、白昼的颜色以及夜间的星座,都是变异着的。

亦有必要明确一下“作为”(as)这个不可捉摸的前置词。我们研究地球,并不作为与人类有关的某物,因而不仅限于它与人类相关的方式,而是本身作为一个目的。但是,那个目的的范围以及所包含现象的选择,取决于我们对那个目的的基本兴趣。

通过这些具体限制,我们可以进一步修改我们原来的定义为:地理学是描述和解释作为人类世界的地球各地方之间变异特性的科学。

第六章 我们必须区分人文因素和自然因素吗?

《地理学性质》一书关于"自然的"(natural)和"自然"(nature)字义问题的一节中,总结说:有需要用这些术语来表示现实独立于人的那部分以及"人文"(human)那部分之间的显著不同,因为"地理学最关心的是人的世界和非人文世界之间的关联"〔1:298f〕。

这个阐述没有加以形容或解释,虽则在同一节中认识到:对洪保德及其前人而论,"自然的"这个词用来包括观察者以外所有观察到的现象——客观的现实。实际上,洪保德和李戴尔都似乎没有感到需用一个术语来表明这个1939年地理工作者[①]称之为"地理学最关心的"特种关联[②]。

我们亦可以注意到:这些不知名的,但肯定为数众多的睿智之士,很早以前就认识到各地多种地球现象之间的差异性是以某种方式相互关联着的,他们似乎并没有感到有需要强调一下这个区分。这并不是偶然的,直到最近还没有描述整个"减去人类的自

① 即指作者本人。《地理学性质》一书初版在1939年出版。——译者

② 就我所知,洪保德在引用"自然"这个术语时,先后是一致的。李戴尔则和许多他人一样,这方面表现了不一致。因此,我们可以发现他谈到"人的世界和自然世界"(die Menschenwelt und die Naturwelt)〔3:43〕。实际上,李戴尔的地球为人类发展作了详尽神圣安排之目的论概念,可能是地理学特别强调人与(非人文的)自然的关联的历史根源之一。这个概念一般更与创世纪(圣经第一卷——译者)相接近。

然”(nature minus man)的共同语言。

我们是否可以说:过去100年研究地球的地理工作者发展了前人所未有的能力,在现实整体中区分了人的世界和非人文世界?在《地理学性质》另一节中认为情况不是这样的。写作当时[①],在许多地理工作者思想中占有极重要地位的“自然景观”(natural landscape)和“文化景观”(cultural landscape)的对比,纯属理论上的概念。在任何地方只能有一个景观:如果那里没有人,就不能是文化景观;如果人已进入了舞台,自然景观就一去不复返了〔1:170—74,300—303〕。

姑且承认这个区分只是理论的或抽象的,它可能帮助了知识的探索。但有几个理由明确地否定了这个说法。许多学者将实际上的三个概念混为一谈:在人类进入以前的“原始景观”(primeval landscape),经过人类改变但未受人类控制的“野生景观”(wild landscape)以及目前的“自然景观”(natural landscape)。后者是一个理论的概念,实际上在任何有人居住之区是并不存在的〔1:171—74〕。同一项著作[②]中再指出:我们并不按照“自然因子的内在性质”,而是作为“人类的自然条件”来研究“非人文世界”〔1:305〕。

对两分(dichotomy)的反对意见

假使地理学的作用是在分析多种因素之间的所有相互关联性,而相互关联性之总和组成了任何地区的存在现实,那么,坚持

① 指1939年《地理学性质》一书写作时。——译者

② 指《地理学性质》一书。——译者

区分人文因素和非人文因素两大项目给研究工作的进展带来了许多困难。

1. 在设法把包括在任何地区统一体的所有因素分属这两大项目时,学者从开始就得跨上最困难的一步,而这一步只有在调查研究的最高级水平上才能进行。分析的第一步是把一个地区之内所有复杂性分割为一定程度上相互关联并可明显认识的要素组合体,例如植被和土壤,运输和水路,城市结构及其地貌。假使每一种要素普遍是(或甚至一般是)纯属人文因素或纯属自然因素的组合,就可把这些要素分为两大项目。因此我们可以只在第一级水平上来探讨人文的和自然的要素之间的关联性,而在每一个要素组合体中只关心自然因素之间或人文因素之间的相互关联性。如果由于缺乏时间,资料不足或无法决定关联性的详细过程,难以实现这些细致的分析步骤时,在探讨的第一级水平上关于人文和自然要素之间关联性的描述至少是大致有效的。

没有疑问,许多地理研究工作就是这样进行的。但是,这直接藐视了现实,后者并不承认"人文的"和"自然的"之间的区别。正像阿利克斯和其他许多人所强调的〔49:296〕,我们通常想像为"自然的"特征,经过调查研究之后,发现是由自然和人类共同形成的;同样,通常认为是人文起源的特征,可能发现是某一历史时期人文和自然因素交互作用的产物。早在1905年,赫脱纳就说过,"自然和人类对地区特性都是本质的,两者并且处于彼此不可分割的密切联合中"(Zur Eigenart der Länder gehören Natur und Mensch und zwar in so enger Verbindung dass sie nicht von einander getrennt werden können)〔2:126;11:554;7:149〕。

2. 在研究地区相互关联的多种要素时,注意力如果集中于区分自然和人文因素，学者易于忽视人文因素，特别是不可见的因素，而在特定情况下，它们可以是主要的。“自然因素”一般是容易观察的，其中至少有大部分作一个相对简明的目录而记忆在地理工作者脑筋中；开列相应的人文因素目录就远较困难了。

以“两分”为思想基础的学者，作为一个新想法似的强调“文化因素的重要性”时，这个问题就反映出来，但未得到解决。将实际上部分相互关联、部分彼此独立的许多因素加以简化时，这种说法反映了重点在于决定自然因素的重要性。

3. “文化因素”的重要性的认识，对主导思想存在着人文和自然因素具有理论上显著差别的地理分析，带来了一个根本性的混乱。一般科学分析都描述一个特定现象与某一其他现象关联的方式，或者说探讨已知结果的形成因素。清晰的分析需要阐述的两个方面具有尖锐的区分。我们如果同时需要区分人文和非人文因子，那么，两个需要的结合就需要假设它们相适应——即人文要素应作为自然成因的结果来研究。然而，如果我们承认“文化因素”在这个关联性中充当成因的角色，我们就必须把它们和“自然成因”一样置于“成因”之列，于是我们的阐述就不再把人文因素从非人文因素中区分开来了。

为了避免这个逻辑上的困难，许多作者玩弄了狡猾的文字游戏，而没有理解到他们这样做时就丧失了原来的立足点。从“自然”概念开始，变成了“自然环境”，再为了便利，简缩为“环境”，于是他们注意到其他科学的作者在后面一个名词中包括了许多地理工作者并不承认包括在“自然环境”之内的，但不论在个人或集体的环境整体中都显然重要的事物。

不止一个把地理学作为人地关系科学的地理工作者，从历史学者或社会学者那里抄袭了“观念”是环境的一部分的观点，但是，没有能够注意到他在术语的意义中所引进的变化，仍然假定他在研究人地关系①。

4. 在人文地理学中，人文要素经常被作为结果，而自然要素被作为成因的假设，产生了一个重要的实际恶果。这使若干人文要素在地区中作为成因没有得到认识，虽则作为结果它们是被详尽地考虑着的。可以举三个例：

地理工作者长久以来就把铁路作为距离、地面、资源以及生产潜力等条件的相关产物，这些关联没有问题是重要的。然而对人类远较复杂和重要的，是铁路作为成因，影响它们所贯穿的地区的许多要素——不仅是作为交通线，并且作为对运输费的征收并不单纯根据距离和其他自然因子的有机组织。

正如阿利克斯所观察到的，最近我们才认识到土地私有制(cadaster)基本的和持久的重要性，它对决定一个地区的农业设施、聚落分布以及整个经济具有深远影响〔49：299〕。普龙提关于这个因素在美国南方的持续重要性的研究(《地理评论》，1955 年 10 月号)，在美国地理学界开展了一个新的方向。然而更普遍的，正如高特曼和娄拉瑙所共同指出的，我们对根深蒂固的社会事物作为成因的基本重要性，缺乏认识〔56：3ff;59：243〕。

屈雷瓦撒最近曾强调我们对地理学中一个重要成因——人口缺乏系统的研究〔119〕。当然，我们并没有在地理学研究中忘记了人口。但是，我们认为它既是人文要素，在系统地理学中的位置就

① 在哈罗耳特和 M. 斯普劳特关于这个题目的透彻讨论中，举出了许多这种术语混乱的例子〔117：11—17〕。

作为最后的结果，放在人文要素研究之末。自然条件允许这样或那样的经济生产，在这基础上，人口就稠密或稀疏。这很像亨丁顿所犯的典型错误，他认为肯塔基[①]蓝草原之所以人口较稠密，是由于它比贫瘠的肯塔基东部山区来得丰饶。

在中国、印度、波多黎各以及世界上许多其他地区，主要地理特点之一是这么多的人口居住在那里的简单事实。一个人如果愿意的话，可以试图分析过去几个世纪来使这个事实成为可能的过程。但是，为了了解所有其他人文地理现象，甚至了解在这些国家一般归属于自然要素的许多事物，必须从相反的方向进行研究，指出这个事实与土壤、田庄面积、每人产量、与工业发展有关的储蓄和购买力量以及每一个其他人文地理现象之间的因果关系。

5. 没有一个地理学研究能够希望探讨多种不同因素的所有相互关联性。如果将人文和自然因子完全分开，学者可能需要追溯几百年的人类历史，甚至一直到文字记载以前。研究的目的如果是决定人文和自然因素之间的关联，在这个一般不可能的研究完成以前，不能获得良好的结论。因此，甚至比较简单的初步问题亦只能得到可靠性不大的假设。以后比较深入的探讨，会显出过去研究的错误，但仍不能建立较大的可靠性，因为它们甚至在初步阶段就引进了自己的不肯定性。

因此，“环境论者”概念下的地理工作者的研究工作积累，并不向正确性和肯定性接近。对较深入的研究，最多也只能说它们似具有较大说服力，但以后更深入的研究可能获得完全不同的结论。

我们应承认从质朴的给定现象(naively given phenomena)开

① 肯塔基是美国中北部的一个州，西部是著名的蓝草原(Bluegrass)。——译者

始研究的科学基本原则，这在地理学中是：我们知道地球要素既非纯人文，亦非纯自然，而具有综合特性的地球要素。于是，我们必须从考虑这些现有地球要素开始，它们是独立的因子集合体（不论由人文因子或非人文因子，或由两者共同组成）。第一步就是按这些要素对人类的重要性而加以描述，并试探建立它们之间的相互关联性。

这样，一个研究中国某一地区的地理工作者，就可接受现有的土壤作为一个单独的因素，通过它的目前构成来衡量，而不必企图阐明它的决定因素——基岩、气候、植被、虫类以及人类〔参考比较34：33〕。同样，他可接受地面水的现有特性和类型，而不必企图阐明人类几百年来改变它的原有性质的程度。在分析这些现有要素和作物、田庄、道路及村落的关联性时，他有把握知道自己在说些什么，并知道自己的分析发现，不管在什么阶段上，是完整、正确和肯定的。

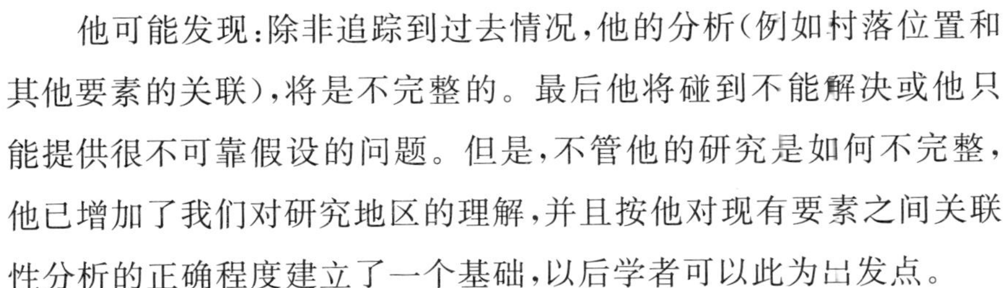

他可能发现：除非追踪到过去情况，他的分析（例如村落位置和其他要素的关联），将是不完整的。最后他将碰到不能解决或他只能提供很不可靠假设的问题。但是，不管他的研究是如何不完整，他已增加了我们对研究地区的理解，并且按他对现有要素之间关联性分析的正确程度建立了一个基础，以后学者可以此为出发点。

问题的根源——环境论

在《地理学性质》一书中，阐述了一些对理论上强调人与自然“两分”的反对意见。就我记忆所及，我从未坚持过这个划分在地理学上是必要的。支持这个论点的是自然科学和社会科学的传统划分，该书另一个地方认为这个划分是“武断的”，并是现实的一个“歪曲”〔1：368〕。

但这个划分由于一般通用而得到支持——没有疑问，那是这个坚固信念的基础，并为我的同行没有攻击过它的原因。当时[①]，几乎所有美国地理工作者认为这个划分是地理学思想的基础。没有疑问，他们之中的大多数仍然这样想，虽则值得指出：在《美国地理学：回顾与前瞻》1954 年〔4〕的几章中，它并没有包括在内或所占地位很不重要。

要了解 10 年左右以前的美国和英国地理工作者为什么会没有疑问地接受这个抽象划分，我们只要看一看紧接的前一时期。实际上我们都是从“环境论者”的地理学概念中训练出来的，而在这个概念中，人文和自然之间的区分是基本的。我们虽已抛弃了环境论者的概念[②]，在我们的思想中仍有其残迹。只要我们继续把地理学上的“关联性”看作人地关系的同义词，谈论什么“人类在土地上的烙印”和“土地对人的作用”，或者说什么“自然条件”与“经济情况”判然有别〔93：26—32〕，斯佩特尖锐的批评就是正确的。他说：一个人不能仅仅从主题的定义中删去这个概念和从我们对它的讨论中删去这个名词，就避免了环境论的问题。

环境论的核心问题是“地理决定论”。人和他的自然环境之间

① 指 1939 年《地理学性质》一书出版前后。——译者

② 本世纪开始时德国学者对这个概念的反对意见，以及后来比利时的米乔特，美国的苏尔和其他一些人的反对意见，都在《地理学性质》第二部分 C 加以简述。这个概念在英国亦受到福特和 E. G. R. 泰勒〔1：xxxii〕的攻击，最近又受菲歇〔70〕、克拉克〔65〕和格尼尔〔73〕等人批评。在法国，它处于娄拉瑙的彻底攻击之中〔59：59—90〕。其他社会科学工作者继续认为地理学的作用是研究自然环境的影响，它给地理学带来的不幸后果，普累特〔110〕和斯普劳特〔117：35—38〕有很好讨论。

的关联研究显然是不完全的，如果不企图答复人的工作在什么程度上取决于自然条件这个问题。被指责为极端"决定论者"的拉采尔和辛普尔及其追随者，应承认他们对寻找一个科学目的的努力。假使我们满足于空泛地阐述我们的目的是在研究自然与人之间的相互关联性而不企图去衡量那些关联性①，我们虽可避免企图建立难论证的理论的指责，但我们很难获得科学性。

"决定论"(determinism)最普通的代替物是"或然论"(possibilism)，后者显然起源于菲布尔而以费达耳—白兰士的观点为基础〔3：151〕。费达耳—白兰士虽然是法国地理学的祖师，他的追随者亦主要受拉采尔的影响，强调了地理学中的人地关系研究之重要性。但他们的具体工作受这个观点控制的程度，远远赶不上辛普尔撒播她的老师②的意见在英语国家中所起的影响③。再则，

① 伍特里季和伊斯特建议，"只有那些愿意做业余的、过于精密的字义区别者之地理工作者，会对'决定'一词坚持在他们自己所创造的陷阱中旅行"。我们只需要承认"在一个有限制的意义中，一个决定论因子至少作为一个措辞在地理学中是不可避免的"。对几个特殊例子的考虑，导致了结论："人文因素作用于自然情况之上，可说'决定'了地理类型。"这与同一个讨论中所称的"人与地的作用是相互的这个舒适公式"(作者认为这显然是正确的，但既不深刻，亦不有用)相比，似乎很少新的东西〔93：32—34〕。

② 指拉采尔。——译者

③ 拉采尔和辛普尔都并不认为自然环境是完全决定性的(《地理学性质》一书中的阐述可能会引起这方面的错觉)〔1：121f〕。辛普尔在她最有影响的著作《地理环境的影响》一书的前言中强调说："作者谈到地理因素和影响，避开地理决定这个词语，并且极谨慎地谈到控制。"她追随拉采尔，以专章讨论民族和文化的移动(第四章)，并将位置作为"在一个国家或民族的历史中最重要的地理事实"加以专章讨论(第五章及128页)。她亦强调过去历史(第2页)和以前居住环境(24—25页)的重要性，并强调"从最早人类史以来，地球作为一个单位"的概念(30—31页)。塔森认为《地理学性质》一书中任意引用的话，显示了强调自然环境的决定性影响〔3：143—47〕。该书特别错误之处，在误指辛普尔只维护拉采尔在他的著作第一卷从自然原因到人文结果的过程〔1：9〕。实际上辛普尔亦应用拉采尔在他的第二卷所遵循的研究文化与自然相关联的过程。

费达耳—白兰士作为一个历史学者，感到有必要比拉采尔更强调由于不同文化(genres de vie)和个人决定所产生的人地关系中的不肯定因子。所以发展了这样一个概念：自然并不决定人应该做什么，但决定一些有限定的可能途径，人可从中选择〔参考比较58：274f；49：300〕。

近几十年来，由于对地理学方法论的兴趣日益增加，在“环境论”拥护者之间，展开了“决定论者”与“或然论者”的激烈争辩①。就旁观者论，这个争辩似既不现实，又无用处。正如蒙提菲尔和威廉斯总结的，既然：或然论者和后期决定论者都同意原始的环境论已死亡了，就再没有论点来继续那个对地理工作者具体活动几乎无关紧要的争辩〔84：11〕。真的，如果一个人观察到从这个扰乱地理学思想达半个世纪以上的争辩，所得的成果是这样微少，真想喊叫：“两家都染上瘟疫吧！”然而，有必要考虑一下：这个争辩对本章所讨论的问题——地理学区分为人文和自然两个抽象因素群的假定需要，说明了什么？

实际上，不论具有什么信念的地理工作者都承认：我们不能单纯从与自然环境的关联性中去解释人的选择和行动——在相同环境中的不同民族，所做的事就可不一样。拉采尔和辛普尔直截了当地这样阐述。塔森又曾指出G.泰勒的“止或行的决定论”(stop-and-go determinism)②实际上仅是或然论的一个特殊方式。

① 塔森在他的《环境论和或然论》一文中〔3：128—62〕，对这个争辩提供了一个极好的简述，几乎仍与当前形势相适合。之后，最透彻的批评来自蒙提菲尔和威廉斯(分别为哲学家和地理学家)以及哈罗耳特和M.斯普劳特(皆为政治学兼地理学工作者)。

② G.泰勒是现代自称为决定论者的少数地理学者之一。他认为地理环境可使人的活动“止”(stop)或“行”(go)，所以自称“止或行的决定论”。——译者

虽则“或然”的正确性是难以辩驳的，但是正像E. G. R. 泰勒所称的〔87∶425〕，从这个“淡薄的术语”(wishy-washy term)中我们得到了什么？从字面上看，它显然意味着：被宣称为主要关心人地关系的地理科学，只要指出在任何给定情况下，自然条件使几个或无数人文或社会结果之一成为可能；而不必企图论证这些自然条件用什么方式和在什么程度上决定了任何特定结果。这意味着：我们所得的虽比可得的为少，仍应感到满足，这肯定违背了科学目的。

仍以某种形式的环境论作为地理学思想基础的地理工作者，一方面感到绝对决定论的不可能，另一方面面对着基尔克称之为“或然论的逐步瘫痪”〔77∶158〕①，企图寻找一条中间的道路，例如斯佩特的“可能论”(probablism)〔87∶419f〕。通常他们有意或无意地用日常用语来避免哲学上的问题——联系自然条件“阐述”或“说明”人文要素。斯普劳特用系统社会科学的逻辑来仔细检查这些企图，指出他们隐藏了一系列关于人类(不论集体或个人)动机和决定的不问是非和不能说明的假定〔117∶50—57〕。

在这个讨论中，所包含的问题虽然复杂，但远比普通包含在地理学“环境论者”概念之内的为简单。斯普劳特从社会科学的观点看这个问题，关心于人(作为个人或社会集体)与物质环境(存在于任何时间内，独立于当时的人，但不论原来是否由人创造)的关联性。因此这个“非人文环境”不但包括地貌、土壤、河流等等，亦包括耕地、建筑、运河、道路、铁路及机器在内〔117∶

① 几年以前，在S. W. 伍特里季和D. 林敦所著《英国东南部的构造、地面和水系》(不列颠地理工作者研究所，出版物第10号，1939年)一文的124页，谈到“用没有形式的‘或然论’的平庸来代替‘决定论’的粗糙之危险”。

15〕。这个现实的概念和一般地理工作者对自然环境的抽象概念颇为不同,后者只包括独立于人类工作(不论过去或现在)的因素在内。

地理学如果需要达到后一个目的,就不可能逃避马丁所诘难的“决定论的必要性”〔82〕——我们不但需要假定自然环境绝对地决定,还需要衡量它决定到什么程度。作为分析的基本步骤,就需要将地理研究中所有观察到的要素从它的因素复合体中分离开来,把纯粹自然因素从社会或个人因素中区分开来,而不管包含中的过程关联性在时间上或空间上是如何久远。甚至假令我们拥有现代社会科学和心理学的全部知识,我们仍将缺乏这个分析必要步骤所必需的关于事实和关联性的详细知识。总之,地理学的环境论者概念,不论作为“或然论”或作为“可能论”,都需要以事实上的不可能作为必需条件。

另一方面,我们只要放弃环境论者概念就可以逃避这个进退两难之境吗?我们所关心的肯定不“仅是描述”,而是研究我们所观察现象之间的关联性。这样我们是否回到开始点去了?如果这是斯佩特在他的诘难〔89:15〕中所意味的,他就从较早的概念中取得地理学的“关联性”意味着人文因素和自然因素之间的关联性这个假定。任何科学必须从分类开始。在地理学的初步分类阶段我们认识到山地、丘陵、谷地、河道、堤岸等等。某一特定丘陵、河道或堤岸属于自然成因或在某过去时期由人类产生,是一个次要的区别;如果我们的研究不足以决定这个区别,我们仍可研究它和其他特点(田庄、房屋、植被等等)之间的现有关联性。

这些考虑逻辑地引导到一个结论:地理学的目的如果是探索

作为人类之家的地球之最完全描述和了解,我们并没有必要将地球所有要素或因子划分为自然的和人文的两大类。然而我们能否自由地接受这个逻辑的结论?肯定的,我们并不能轻易地放弃一个在我们的传统上似已根深蒂固的概念①。

过去的约束

人与自然截然区分的概念本来是与地理学无关的。它最初进入地理学虽由于李戴尔及其追随者的宗教目的论观点的结果,但苏尔注意到:它得到达尔文主义的自然科学以及19世纪中叶兴起的唯理主义哲学所支持之后,才成为历史哲学的重要概念〔24:24〕。更具体地说,自然科学所显然表现的法则绝对可靠性及其向生物科学的输出,引起了这样一个信念:人既为自然界整体的一部分,同样亦应受不偏不倚的"自然法则"的控制。因此社会科学亦可以没有必要允许人类决心或超自然控制等空想。

然而要建立这个信念,社会科学必须表明它作为一个科学理论的有效性。这只能依靠自然科学,因为,作为自然界整体一部分的人类,显然依赖于"减去人类的自然界",后者存在于人类之先,并能独立于人类而存在。人类因此必然是"减去人类的自然界"的产物,依赖于运行在"减去人类的自然界"中的法则。

这个学说影响到所有的社会科学,但在人文和非人文因素最为密切地交织着的地理学,所受影响最为深远。由于人类既为自然(减去人类的自然界)的产物,似乎很合逻辑的,它们之间关联性

① 指区分为人文因素和自然因素的传统概念。——译者

的研究当从自然着手。

当时和现在都属重要的另一个普遍假定是:由于自然科学的知识一般比社会科学的知识较为全面和可靠,所以我们的知识在自然环境的立足点比在人和社会的立足点稳固些。专门研究自然环境的地理学,因此应在“裂口中起桥梁作用”(bridge the gap)。这个假定的几个错误之一是:没有认识到“环境”的概念是毫无意义的,除非它与“被环境者”联系起来。当我们具体探讨人与自然因素之间的关联性时,我们发现:除非我们拥有心理上和社会上反应的透彻知识,我们就不知道什么自然因子需要加以探讨。换言之,我们不能从自然开始,而应和社会科学一样在考虑与自然的关联性之前,首先分析人文和社会过程。

大多数社会科学工作者如果没有注意到这个结论,仍有许多学者认识到:对他们所研究现象的彻底分析和说明,需要研究这些现象与特定自然因素之间的关联。有些学者由于缺乏所需要自然因素知识而于此止步,另一些愿意获得所需要知识的学者并不能说他们侵入了地理学的领域。

但是,他们时常发现地理工作者“从另一方面”研究这些问题,但一般没有系统地企图建立一门学科。在环境论学说的影响下,这不是必要的。为了证明那个学说的有效性,任何时期或任何地方的任何人文现象都可进行研究。因此地理工作者可以,并且已经在其他科学的领域上开展了无数的、分散的“远足”(excursion)〔1:124—26〕。这个观点之继续影响地理工作,可以从“地理的”这个形容词经常与“自然的”混用,得到了说明。更具体的,它在伍特里季和伊斯特认为应包括在地理学之内“从地理学方面有权利或希望”向经济学和政治学提出贡献的广泛题目范围中,获得了说明〔93：124,143f〕[①]。

不论这些研究是为了表明某种程度的“地理决定论”，或仅是“地理因素的重要性”，研究目的对结论形成了一个主观的影响。正如斯佩特和斯普劳特曾观察到，这在许多以人地关系研究为主旨的著作中，表现为自然的人格化〔87：419；89：28f；117：34〕。在被痛斥的李戴尔宗教目的论之位置上[②]，新的“客观”哲学的学者代之以一个同样全能的，甚至全知的，而全为机械法则所控制的“自然”。G.泰勒写道，“自然的计划是显然的”；人的作用是研究“环境的特性，……这样，他就能最好地追随自然所‘决定’的计划”〔3：16〕。从哲学上说，可以怀疑：为什么就我们所知并不会运用思想的“自然”之计划，会比“神”之计划更“合理”一些。

同时，环境论地理工作者企图说明的科学哲学，丧失了它原来的基础。最严正的科学已不再假定它们所研究现象可用不折不扣的科学法则来解释。正如蒙提菲尔和威廉斯所观察的，这成为一个奇怪的现象：环境论者为了努力使地理学达到科学的可敬地位，仍继续“一个现代实验哲学家无疑会称之为可敬的极端反面的形而上学争辩”〔84：9f〕。

不管一个世纪以前的情况如何，目前地理学并不对一般科学

---

① 因此他们总结说：“强迫将地理学太严格地限于‘区域差异’的研究将是一个愚蠢的和退化的步骤”〔93：144〕。换言之，他们虽然首先接受赫脱纳提供一个“哲学上合理”纲领的立场，加上的修正——地理学研究土地和人及其关联性——都成为主导概念〔93：26f〕。这只是企图将现代德国地理工作者的概念和他们所反对的传统环境论者概念组合起来的许多例子之一。

② G.泰勒强调他对李戴尔目的论概念的不赞同，称之为“神权的”，并错误地称李戴尔为一个“历史学者”，在地理学上的重要性只是作为一个“洪保德的学生”〔3：5〕。在泰勒所编纂的同一书（指《二十世纪的地理学》——译者）的下一章，塔森关于李戴尔和他的著作提供了资料丰富的阐述。

负有义务，将所研究现象的相互关联因素区分为人文起源的和自然起源的。它亦不受过去的约束。环境论学派地理工作者的著作中，包括了具有永久价值的地方描述和现象具体关联性的研究，但他们企图表明人与自然之间关联性的一般法则并不产生可靠的资料。放弃了没有可能继续前进的途径，任何损失都不会有。很可喜的，许多偶尔在方法论著述或具体工作序言中重复地理学研究人地关系的地理工作者，在他们的实际工作中，很少遵从那个“格言”。

结　　论

地理学研究主题的地球外壳是多种现象在多种方式下相互关联所产生的不同统一体所组成的一个综合体。从其他科学或从哲学的观点，把这些现象按不同方式分类是有益的。地理学企图分析现实中统一现象的复杂性，关心于整个统一体中发现的任何重要现象之间关联性的探讨。这些关联性可以是人文和非人文现象之间的，亦可以是生物（人和其他动物）和无生物之间的，或可见和不可见之间的，或物质和非物质之间的。但是，这些“两分”之中，没有一个在逻辑上说对地理学要比对于其他更重要：每个事例都是现象的特性决定了关联性。

然而，在地理学发展史的一个短时期内，强加了一个“环境论”的哲学概念，在这个概念之下，地理学有责任具体地探讨人文和非人文因素之间的关联性，因而所有因子必须抽象地区分为那两大类。但这个概念是不必要的，对健康的探索是有害的，并且对地理学的基本统一性是分裂的。我们可以追随洪保德来避免“环境论问题”，在考虑地球表面的多种要素和因子时，不按照那条武断的、抽象的线条划分为二。总之，我们同意普累特的意见；就地理学而论，“环境论似已活过了时代，应作为一个对更好了解的障碍而加以消除”〔110：352〕。

对组成地区整个特性的多种现象及其组成因子的相互关联方式和程度，尽量进行探讨，我们就可希望得到较好的了解。在描述和分析个别现象和因子时，我们可以自由地应用任何在实践上对研究它们相互关联性具有重要意义的分类法，而不必管人文起源和自然起源的那个抽象区分。

第七章　地理学按部门领域的区分——自然地理学和人文地理学的二元论

上一章所得到的结论，对几十年来在大学课程中一般将地理学区分为两个像是完整而统一的部分——人文地理学和非人文地理学的传统，提出了诘难。不幸我们称后者为“物理地理学”(physical geography)①，这在100年左右以前有着很不同的意义，在目前亦有几个不同的用法。正如伍特里季和阿利克斯所指出的，如果我们称之为“自然地理”(natural geography)，即将地理限于人以外的自然要素，我们的术语系统就较为适当〔92：45；49：296〕。

人们可以假定：在一个特定领域按照所研究资料的种类作重大区分时，将根据质朴给定事物的易于观察之区别，并在每个部分之中，所研究事物更近乎相似，而与另一部分有较大的差别。因而，每个部分都将发展它独立的观察和研究方法。

然而我们已发现，甚至在许多能干的学者经过艰巨探索之后，仍不能将纯由自然形成的与主要由人形成的地球要素分别开来。

---

① “physical geography”直译为“物理地理学”，目前已与“natural geography”混用，通译为“自然地理学”。——译者

再则，这个区分不能满足第二个标志：每半个都包含着高度复杂的项目而需要多样的观察方法，但在这半个研究的栽培作物和另半个研究的野生植被之间，具有密切的相似性。施路特断言："从地理学的自然部分向人文部分过渡，并不需要比从气候到地貌，或从地貌到植被，作更大的跃进"〔1：213〕；这句话虽有些夸张，它仍强调了几个非人文因子之间的巨大差异。

相反地，每一个人都承认：大气层的许多因子组成了一个单独项目——气候，它需要独特的研究方法。每一个其他目前称之为"自然因子"的项目，亦都很相似。然而其中很少是完全非人文的；微地貌、小气候、土壤及野生植被都多少受到人类文化的影响。地理工作者研究这些"自然"要素时，时常根据抽象的区分，排除了或忽略了人的作用。结果是提供了一个不是对目前存在的现实，而是过去可能曾存在的或甚至远古可能曾存在的现实之描述。

相反的立场是较为明朗的。人文地理学和自然地理学分别开来的想法显然是荒唐的。正像李戴尔在谈到"地球表面为地球事物所充满的地区"(die irdisch erfüllten Raüme der Erdoberfläche)〔1：142〕[①]所强调的，人是地球的。每一个人类的物质成就，不论是一间房屋，一个农庄或一个城市，都代表自然和文化因子的综合。

地理学的自然因子和人文因子如果没有真正的分别，该领域就不会有两个明显的组成部分，而只是所研究的要素，一部分主要由自然决定，另一部分主要由人决定。因此，如前所述，赫脱纳发

① 许多学者曾因李戴尔的词句中的"地球的"(irdisch)一词而感到迷惘。不论他的用意如何，他明显地在文中说明：它不但包括地壳(Erdrinde)，植被及动物界，亦包括人的世界的所有活动，其中包括"有生气的活动"和"理性的力量"〔22：41,49,51〕。

现:在组成地区特性的复合统一体中,自然和人是不能分别的。1916 年赫勃生补充了这个思想,他写道:“我们不可能将一个居住地区及其居民分别考虑而不从整体中减去一个主要部分。……将整体分别为人及其环境是一个凶杀的行动。……这样分割之后,活的整体不再是活的整体,而只是某种死的和不完整的”〔7∶149〕。相似地,费达耳一白兰士在一个常被引用的阐述中总结说:“人文地理学因此不是一个排除人类的地理学的对立物。实际上,除了在专业人员的心目之中以外,这从来没有存在过”〔28∶3;参考比较 25∶178;49∶296;69∶89〕。

在美国,《美国地理学》一书的编辑委员会经过了讨论,正像詹姆士和惠特勒绥所表达的,总结说:“自然地理学和人文地理学的区分,模糊了而不是澄清了地理学的真正性质。”〔4∶15,28〕然而,许多人因这个建议而感到震惊,他们的著述显示了研究“自然的地球”的概念在我们的思想中是根深蒂固的。所以,有必要探讨这个概念的历史背景。

二元论的历史发展

“自然地理”是地理学中最尊严的和可敬的术语之一,至少从伐伦纽斯时期即已起源,并为康德和洪保德所引用。但对这些学者而论,“自然”这个词与以后通用的具有不同的含义〔1∶36,42f〕。洪保德耐心地说明:他用这个术语指一个像物理学那样研究法则的科学,他的“自然地理学”是直接可与伐伦纽斯的“普通地理学”相比拟的,后者我们目前称之为“系统地理学”。“自然地理学〔按字面说,‘世界的物理’〕的重大问题是决定……这些关联性

的法则以及无生物自然界对生命现象的永恒羁绊。”〔1：76,79；14：60,64〕

因此洪保德和康德所认识的自然地理学，将人类作为自然统一体不可缺少的部分而包括在内①。其后几十年称为“自然地理学”的教科书，普遍都追随洪保德而包括人类的种族一章。只在本世纪内，“人类”一章才被删去。

其后再进行了一个限制，即将“自然的”限于无机界，而将生命的研究称为生物地理。费格里夫因此询问：地理学的中心问题是“人类对其他”还是“有机界对无机界”〔93：56〕。伍特里季和伊斯特亦提到这一问题，但没有作出答案。或许是作者们感到答案并不重要：“将主题区分为‘自然地理’和‘人文地理’是一个虚假的‘两分’。这个裂缝正是地理学起桥梁作用的地方，任何时候或以任何理由承认或强调主题的两方面（sides）对中心目的而论都是虚假的。”〔93：28〕

但是这个长时期来受到尊敬的比喻②，摧毁了它所包含的原则。桥梁的唯一目的是连接裂缝的两边，而一个虚假的“两分”并不需要桥梁。作为一个现实整体的自然，在人与“减去人类的自然”之间并不出现裂缝，直到19世纪后半叶，人类对那个现实并未

① 洪保德在他早期著作、信件、1827—1828年公开讲学以及《宇宙》一书的几个章节中，肯定了这个原则〔1：65,67—68;3：54;14：170,378〕。但在他的自然地理学中，将人类作为最高级有机物包括在内的自然界与理性或艺术界区分开来——虽则他认识到这个区分在某种意义上是不现实的，“就像精神界不包括在自然界整体中”（als wäre das Geistige nicht auch in dem Naturganzen enthalten）〔14：69〕。他关于地区的研究虽考虑了道德上和美学上的问题，但并不包括在他的“自然地理”之内〔14：386〕。

② 指地理学在自然和人文两方面的“裂缝”上所起的“桥梁作用”，由麦金德在1887年首先提出。——译者

认识到这种裂缝,因而不需要桥梁〔1:369〕。

自然的和社会的理论区分,使地理学分裂为两个部分,因此在某些大学里,地理工作者分属于不同院系。麦金德 1887 年著名的发言,目的即在将这两部分重新合而为一〔16〕。但是地理学作为桥梁的概念使地理学的二元论持续下去。一个人可以称人与自然的"两分"是虚假的,但如果继续用那些术语来讨论地理学,这个学科将不可避免地分裂为一个自然地理学和一个人文(或社会)地理学。

"自然地理学"的缺乏一贯性

不统一性不仅限于二元论。任何称为"自然地理学"的典型教科书都符合 K.布里安的结论:和地理学其他部分分开来看,"它是一个许多特殊科学的集合体,每个特殊科学都各有其目的",因而,并没有一贯的统一性〔99:189〕。在伍特里季和伊斯特的理论探讨中,同样的不统一性是显明的。其他教科书简单称为"自然地理学"并作为地理学主要部分的,这里再分为"自然地理学和生物地理学"两个部分,前者又分为许多几乎分裂的碎块。作者们认识陆地、空气和海洋"在许多重要方面彼此不同而分立",但他们断言,作为一个"无可置疑之事"(truism),"三者密切地相互联系"〔93:41〕。为了证明这个无可置疑之事,他们断言:"……显然的,岩石圈、水圈和大气圈并合在一起所形成的一个平衡的和简要的图景,具有科学上的作用和价值,且不谈地理工作者对它的要求。除去人文现象以外,我们的地球及其各部分的相互关联性是一个完整的研究主题,表现了一定程度的理性的完整性。……完整的观点仍有其价值。……不论我们将地球看作生命之家还是作为人类之家，其内在自然经济整体是一个研究的适合而必要的背景。”〔93：55f〕[①]

这些阐述之所以全部加以引用，是因为我觉得它们很好地说明了问题的要点。地球外壳构成了唯一的具有一个实际存在经济整体的完整主题，它由许多错综联系的部分形成，不但包括陆地、空气和水，亦包括植物、动物和人，耕地、篱笆、谷仓和房屋、道路、车辆、书本和无线电声音。所有这些生物和人为现象，由取之于无生物的多种固体、液体和气体错综构成。假使我们在心理上从这个整体中减去人及其全部活动，所留下来的将不是无机界的整体；这是一个不符合现实的心理减法〔14：367f〕。

“自然地理学”作为非人文要素研究的概念，与地理学特殊作用是研究人与（非人文的）地球关联性的概念是同时发展的。两者都渊源于上一章所述的科学哲学，企图用服从于自然法则的非人文现象来解释人的现象。因此，“自然地理学”的任务，是在研究“人的自然环境”。

勒利最近对这种自然地理学限于研究自然因素（作为环境论教条的成因部分），提出了反对意见[②]。为了避免这种强加的限

① “完整的研究主题”这个词句显然不能从它的字面上解释，因为它既不能是无机因子的全部，亦不能是非人文因子的全部。伍特里季在另一篇论文中，同意弗勒尔对地理学“用一个深深裂缝分为自然的和人文的两个不完全和不充足部分”的反对意见〔92：19〕。

② 在勒利的论文中，简单地阐述了这个自然地理学观点的一般哲学根源，但更多地注意到 W. M. 台维斯及以后学者所起的特殊作用〔108：309—17〕。音累特在《关于R. D. 萨利布里的一个备忘录》一文中（美国地理工作者协会会刊，卷97，1957年），对勒利的观点进行了批评。

制，勒利建议：自然地理学应排除所有人文因素的考虑，而单纯地“追踪自然法则在陆地、天空和水体中对地球所起的作用”〔108：318〕。但是，我们在陆地、水体或甚至天空中所观察到的，肯定是在不同程度上包括许多人文的和非人文因子在内的相互作用之结果。追踪非人文自然法则对地球所起的作用，是追求一个理性的抽象，一方面分裂了所有地球因子的实际统一体，另一方面它自己并不形成一个作为整体不可分割的部分统一体。

相反地，30 年左右以前在地理工作者中所出现的“自然环境”概念，给予自然地理学一定的统一性。但他们忘了术语本身只是许多个别因子和因子复合体的集体名字，只有通过“被环境”的事物，才能加以统一。

根据娄拉瑙，法国的地理工作者得到了同样的结论：“长时期以来，我们已抛弃了在我们的学科中完全没有意义的‘自然环境’这个神话”(Il y a longtemps que nous avons répudié le mythe du ‘milieu naturel’，absolument privé de sens dans notre discipline)〔59：234f〕。娄拉瑙同样反对乔利将环境分为自然的、生物的和人文的分类法〔52：21—25〕。但此处的论点，似乎根据定义上的区别。乔利并不说一个自然环境(a physical milieu)或一个生物环境(a biological milieu)，而在每个情况都用了环境的复数“milieux”。再则，他用这个术语，并不按我们“环境”的意义，而指的“地区”或“地区类型”。在这个意义上，乔利谈的一个气候“milieu”，一个土壤“milieu”，一个地貌“milieu”，等等，但这些加起来，并不形成一个“自然 milieu”，而是许多“自然 milieux”。其中每一个，只代表一个地区的某一特定方面，而不牵涉到整体。正如娄拉瑙所强调的，现实上作为一个实际整体，只有一个环境(milieu)，他称之为“地理环境”(geographic milieu)，这是地区所有相互关联现象的整体〔58：275—77;59：91ff〕。

人文地理的系统区分

正如我们遵循系统自然科学将主要自然要素分属各项领域，我们遵循社会科学的典型区分而建立了人文地理学中的系统领域。可以考虑一下：这种用抽象术语下定义的部门区分——经济的、政治的及社会的——是否满足地理学的目的和需要。

由于运输是一种经济活动，我们普通将它归属在经济地理学领域之内。但正如马耳曼注意到的，货物、人口以及意识在地区间的移动，是人文地理学每一方面的必要部分。“流通地理学”(geography of circulation)——这个术语在法国用来包括运输和交通——是地理学的独立分支，如果单纯作为经济地理学的一部分来处理，将处于不平衡状态〔4：311〕。

同样，如将城市地理作为经济地理学的一部分，我们就把一个城市当作“一个经济现象，附带具有社会的和政治属性”〔4：143〕；人类，一般亦可这样说。在地理学上，城市是独特的活动地区，它除了原始生产之外，空间几全为各种人类活动及其联系的结构和制度所充满。空间的大部分地方实际上是作为生活之需，而非作为经济活动之需。

假使我们考虑地理上主要与人类活动相关的方面，那么它们能组成统一而一贯的领域吗？美国地理学委员会原来按照这个假定来安排它的著作，但最后结论是：经济地理学必须作为“一个领域群”来看待，而不是单一的研究领域。由于在它的不同方面运用了不同的分析过程，“经济地理学愈来愈趋于分裂成许多部门专业”〔4∶241〕。

同我一样[①]，为了教课或研究的目的，想把这个领域加以组织的人们，都认识到这个问题导致那个结论。在农业地理学所考虑的非常多样化的题目之中，有一根从土壤生产生物产品的主要共同线，因而一定范围的人类活动可与土壤、气候、地面坡度、水系等等因子组成一个共同统一体。但在农业地理学与矿产地理学之间，或两者与制造业地理之间，具有巨大的不连续，而较少相互关联之处。说它们都关心“人类谋生之道”，是一个抽象相似性，而不是具体相似性。在一个近代城市办公室和商店中的书记的活动，与采集野生产品及耕种几片土地的部族之间，很少有共同之处。

有一种人类经济活动可作为地理学的一个完整部门的基础——那就是消费地理学。阿利克斯强调说：这是整个地球以及各国不同部分的一种地区变异方式，对整个地理学具有最大的重要性〔49∶296〕。把这样一个领域和许多基本上相互分开的生产地理学联系起来，我们需要发展远比目前为多的交换地理学（包括市场及运输）。

甚至假令我们预见到这样一个统一领域的发展，我们必须承认：关于生产部分，它将包括几个部门，每个部门独立于其他部门，而由多种不同要素组合为极紧密的统一体：例如农业生产和土壤及气候的组合，矿产很具体的和矿藏组合，而制造业主要和许多其他因素有空间联系。因此，专门从事农业地理的地理工作者，和专

① 1940年以前，我曾教授一门经济地理学的课程达40个季度以上，并曾在那个领域发表过许多论文〔1∶18，19〕。

门从事土壤或气候的地理工作者较为接近,而与制造业地理专门化的地理工作者较为疏远;但在目前一般区分中,第一个和最后一个都归属经济地理学,而其他两个成为显然不同的自然地理学。

地理学部门领域的归纳构成

根据系统科学相似的项目来划分地理学的结果,每次都回到洪保德和李戴尔所再三阐述的全部地球要素不可分割的概念。但这并不是说:地理工作者只能“作一个整体”来看待整体。为了理解全世界的整体和任何一个地方的整体集合体如何形成,他必须探索集中研究某些要素的途径,研究它们之间以及与其他要素之间的相互关联,从而了解现实存在的整个统一性。

在我们面前显现的素朴给定事物并不是地球要素的主要划分,而是一群个别要素——雨量、地面坡度、树、人、河流、道路、房屋、工厂、工业组织、经济制度、国家、文化等等。由于这个目录几乎是无限的,我们必须设法把这个要素的繁复性组成一个可控制的系统。地理学与研究特定现象的科学显然不同,它并不研究这些要素的本身,而将它们作为地区统一体的因子;因此,我们只要分析这些要素的组成部分,直到这种分析能够理解它们与其他要素的相互关联为止。

正如博伯克和施米素散所指出的,我们实际上从许多组成上或内部统一性上并不表现地区变异的因子复合体开始〔29:116〕。因此,我们从系统科学那里接受了空气的组成或植物单个统一性。

地理学所分析研究的,是那些从一个地方到另一个地方产生变异的统一体。最有效的组织方式是将那些最常见的相互关联的现象集合在一起；分析这些代表地区部分统一体的部门，就使我们对地区整个统一体的理解大步跨进。

最近德国地理工作者对区划问题的研究，部分地采用了归纳方法，他们从单个因子或因子复合体出发，逐步建立较高级的统一体①。但他们假定：这些分级相当于无机质、有机质及社会等项目。地球表面的无机要素（似不包括矿产资源在内），“相互作多种关联而存在”，组成了一个“整个无机质复合体，与单个要素相比，表现了一个新的和较高级的地区统一体”〔29∶116〕。但是解释清楚地表明：这些要素并不是它们自己统一起来的，而是按照它们对自然（或“野生”）植被或人类生产利用等有机要素的重要性〔42∶9;39∶157〕；奥特伦巴认识到：最后（人类生产利用）这个标志，有必要增加地理位置作为因素。

所产生的图幅和描述，对有组织地介绍每个德国小地区的资料汇集是很有用的。但在方法论上，它只表明高度、地形、土壤、水及气候等要素虽用多种方式相互关联，在很重要方面是相互独立的，因而只组成一个很薄弱的统一体。通过植被，它们在较大程度上，但仍属部分地，统一起来；只有通过人的手，才较充分地统一起来。总之，无机、有机和人文（或“理性”）等演绎项目在地理学上用处不大。

如果我们注意到已建立一贯统一性的个别地理学分支（例如地貌学）并不坚持这些理论上区分，在我们思想上可以帮助克服这个困难。地貌学的研究不限于一个物质类型，并不能成功地区分

① 许多德国地理工作者在野外组成队伍并按共同计划进行工作，从而绘制德国的“自然区域”（Naturräume）。这个任务的理论基础在奥特伦巴〔39〕、施米素散〔42∶43〕及博伯克〔29〕等人的论文中阐述，并由卡罗耳〔32〕及乌利季〔48〕加以讨论。

无机和有机、固体和液体等物质类型。如果要加以区分(正像有些教科书所做),例如为了把河流和海洋归属一类,就得把河流和河谷割裂开来——那就是说,河流只是通向海洋的水道。由于地壳变状的解释不能离开流水,于是在地貌的讨论中,河流仅作为侵蚀和沉积的工具。人们很少谈到(甚至没有谈到)水作为一个统一的和重要的地貌形态以及水系作为一个完整的流域,后者是自然界显著产物之一,每个流域类型都是独一的和重要的。幸而,图集仍继续绘制这些个别系统。

将不同项目的因子组成统一体的最显著事例是土壤学。在这个事例中,我们并不把无机和有机组成部分置于不同的部门领域;我们由于虫类对土壤在作用上的关联而认识到它们对地理学的重要性,而并不由于它们在有机组成上和树木或白象的相似性。但由于人与自然必须分别予以考虑的教条,我们的土壤地理研究仍缺少对人类耕种影响的适当注意。

这些事例不应该看作例外,而应作为例子来提醒我们:任何对不可分割的地球统一性的划分系统是武断的,切割了实际的相互关联性。为了地理学的目的,一个部门划分如果能认识到现象的统一性程度和相似性程度,将是最不碎裂的。每个部门的组织,应包括因子最大程度的统一性,而这些因子所归属的项目数目应是最少的。每个部门划分,所包括的内在密切关联性应多于与其他部门的要素的关联性。

矿藏提供了一个特别清楚的例子。由于它们只是人类的"资源",在无人类参加的任何统一体中,它们很少或不起作用。再则,采矿这个人文现象与储量之间的联系是绝对的,只具有一个方向:即采煤事业只在有煤矿储藏之处进行。与其他地球要素——不论地貌、气候或土壤——的关联性只是局部的或偶然的。因此,在许多教科书中关于采矿业和矿藏讨论相隔达几百页,甚或置于不同卷册中,就显得特别武断。在地理学上说,它们和显然是社会现象的采矿社团,组成了一个密切统一的现象集体。

一个很不同的,但同样密切统一的地区变异因子是基础于海洋对它所有包含物(不论无机或有机)的控制。这样,一个部门区分很可以包括人类的捕鱼、捕海豹、捕鲸等水产业在内,虽则这些活动必然地与研究海岸地区的题目相重复。

与耕作地区农业活动有关因子的密切组合部门,就远较复杂。这些分析不但必须包括气候、土壤、坡度、水等等条件的地区变异,还要包括土地租佃和所有制度,消费习惯以及许多其他文化传统因素。再则,这一部门研究很可以包括与农村生活密切交织着的加工工业在内,不论它们是位于农庄,或十字路口,或乡村工厂中。对农村社会生活的制度和组织亦是同样正确的。

当然,按照这个归纳方法所组成的部门,某些要素将在几个部门都属重要。但在每个事例中,关联性属于不同性质。同样,气候条件和农业运输或人体生理之间的关联性,取决于气候的不同特征——实际上,这对不同种类的农产品亦是正确的。在研究工作中,或在教课中,需要在某个时期集中将气候作为地区变异现象统一体中的一个因子,但必须避免将气候孤立起来考虑,分析"气候为了它自己的目的"①。必须将它们在地区变异中的重要特性和它们密切关联的多种现象联系起来加以分析和评价。

① 关于大气层的研究是气象学的主题。"气候"是大气层中具有地区变异并与若干其他现象密切关联的一定特性的总和,那就是说,这个术语包含环境的意义,虽则并不一定关系到人类。

对一个统一体（例如西北欧农业）是最重要的几个气候因子变异，对另一个统一体（例如美国西北部的运输）并不是最重要的，因而，我们不能要求任何普遍适用的气候因子标准分类系统。除了最简单的一般描述或最初步的教课以外，我们对许多不同部门需要不同的气候分类系统。是否实际需要气候特性总和的任何分类系统是另一回事。由于气候性质由简单数字来衡量，可以怀疑根据那些数字所得出的气候“类型”或“种类”在研究上是否比具体数字本身更有用。

通过部分统一体（每个都包含若干由密切交织的因子所组成的多样性）的划分来进行地理学部门组合的探讨，没有问题会产生一个部门与许多其他部门相重复的现象。我们重复地说，在地理学性质中这是不可避免的。重要问题是：这个系统是否在最少重复的情况下逐步提供更大的统一性。我们并不排除在划分地理学复杂现象时，将相似的种类划入不同的部门。地理学的目的是研究现象间的相互关联性而不是现象本身，不论划分的基础如何，每一个部门将包括与其他部门的关联性，重复是不可避免的。

这个探讨亦不会产生地理学部门划分的单一标准系统。这亦是和地理学性质相适应的。从不同角度看地球，一个人可以集中力量研究许多不同部分统一体的任何一个。检查一下教科书以外的地理文献，我相信：凡是运用这个自由，用归纳法将因子加以组合的地理工作者，其成就远远超过因袭一般系统地理学划分的地理工作者。

但有一种演绎的划分方法，所得结果在相当程度上与归纳法所得的相适应。根据地区许多变异因素的密切关联性，地球表面划分为五大类，每一大类各有其独特的要素组合：(1)海洋；(2)海

洋上及大陆上永久冰冻地区;(3)主要为野生植被和动物的大陆地区,未经人类控制,但已可能受人类显著改变〔1:337f,348〕;(4)“乡村”地区,受人类控制和利用,从土壤中获得产品;(5)城市地区。这些地区类型在一般思想和言谈中都认为是第一级划分的事实,说明它是一种划分统一体的归纳理解。

某些主要要素,例如气候、地貌及社会传统,存在于这些地区类型的全部或大部,但在每一类型中,它们与其他因子的关联性都是判然有别的。不同地区类型亦是相互联系的,它主要通过人类活动,因而需要进行现象的部门研究,特别是产生五大地区类型的地区统一性的人类制度。

结　论

地理学按部门划分为“自然的”和“人文的”两半、再按主要现象的相似性进行划分的传统办法,其根源是并不长远的,并且对地理学的目的——对不同性质的现象统一体(以不同方式充满地球上各地区)的理解——是有害的。它并不由于地理学本身的需要,而是由于一种将人类与自然界其他部分割裂的哲学抽象以及系统科学尽量将各类现象孤立起来加以研究的要求。

对大部分独立于人的各类现象的考虑,便利了“自然法则”的建立和应用。跟着“自然科学”特别是“物理科学”的声誉日隆,许多地理工作者集中力量研究地理学的非人文方面,而建立称之为“物理地理”(自然地理)的课程与教科书。这种关于特定地球要素的知识汇集,不管在性质上如何科学化,却是缺乏一贯性,并脱离现实,因而对一般学者只有局部吸引力。同时,大部分人文地理学者脱离了自然要素(实际上他们是与之密切相关的),从而丧失了科学的立足点和学生们的兴趣。地理学在中等教育中的灾难性结果是众所周知的。

地理学如果希望能同系统科学媲美,只有通过它的各分支都认识到自己的独特目的,即观察和分析由不同因子相互关联所组成的地球要素。在这些要素之中,有些是独立于人的,另一些是人类活动的产物,但很少是纯“自然的”或纯“人文的”。从一个到另一个,它们可排成不间断之连续,但建立这种差异对地理学并无好处。地理学在研究地球要素的相互关联性时,分析那些要素到足以解释它们的相互关联性为止,而不管这些相互关联性是属于“自然法则”的或属于“社会法则”的。

为了这个目的,地理学和其他科学一样,部门专门化是必要的,但基础于具有最常见密切相互关联性的相关现象(不管如何复杂)的专门化,成果将是最丰富的。因而每一个地理学的专门领域都对特定的部分统一体的了解作出了贡献,该部分统一体又可建立对整个统一体更接近全面的了解,而整个统一体在地球上的变异组成了地理学的主题。

从地理学健康发展的观点上,亦为了学生们对他们所生活的世界的理解,大学院系和选修课程之武断地被划分为“自然科学”和“社会科学”,每一个又按相似的现象被划分为若干类,是一个不幸的情况。为了在整个教育上树立我们的恰当位置,有必要说服院系和行政当局;地理学的独特作用,正如赫脱纳和施路特所观察到的,在于能将目前趋于分化的文化生活,重新予以统一〔2：127;1：213〕。

第八章　地理学中的时间和发生

一般问题

在地理学领域中较困难问题之一是：任何某一地球现象或空间相互关联的现象综合体的研究，对它所由产生的发展过程应追溯到哪里为止？不论是发展过程追溯到人类历史的人为现象，或是发展过程必须追溯到地质历史的地貌形态，所包含的逻辑问题是一样的。在这两个事例中，以大部分研究工作从事于解释发展过程的学者都将受到地理学领域以外学者的诘难；在前一个事例中，他被控成为一个历史学者，在后一个事例中，成为一个历史地质学者。

假使我们检查一下地理学自从脱离历史学而成为一门独立知识领域之后的文献，似很少疑问：它的主题是在于理解目前存在的世界。正如赫脱纳所说的：地理学是一个“时间一般作为背景”的领域〔1：184〕。乔利认为这个观点对地理学定义是十分正确的〔52：106—14〕。地理学作为人的世界之研究，这肯定是十分正确的。

许多批评者将这个观点描写成为“静态的”，而显然不同于他们所提倡的“动态的”观点。在这个基础上所进行的任何讨论将是缺少实际意义的[①]。就我所知，没有一个名副其实的地理学方法论者会主张一个静态的概念，或会不认识到时间的量度是经常存在的〔1：176—84〕。时间对地理学研究有关的几个途径，有必要明晰地加以区别。

我们必须认识到（但不必认为与讨论中的问题有关）：从开始观察到最后出版，必然消逝了一段时间。这是重要的，因为它是我们工作中错误的来源。在逻辑上，时间至少以下列四个不同方式与此有关：

1. 在我们所称的“现在”，必然包含一段时间。我们不仅关心静态的地球要素，亦关心那些运动着的，不论是气流、河流或人类的运输活动，都是地方统一体中的必要因素。研究一个地方生产现象的相互关联性，我们必须根据季节循环，至少取一个年轮回的一段时间；关于历年气候波动，一般需要更长的时期，以建立“平均”的现在状态；在其他生产形式，例如钢铁工业，由于不同原因所产生的变化，同样需要将几个年份作为“现在”。因此，为了提供现有情况的一个代表图景，地理学切过时间量度的断面具有一定的厚度（期间）。这是与“现在”的通常用法相一致的，虽则甚至最后的瞬间实际上亦是已过去的。

2. 现在的许多现象不但作循环与波动的形式而变异，并受到累积的变化之影响。伍特里季在一个关于地理学中“存在”（being）与“转化”（becoming）相对重要性问题的讨论中，提醒我们：两者并不是完全可分开的〔92：90〕[②]。地理学对一个“现存的”（as it

① “缺少实际意义的”直译应为：“产生更多的热，而发出较少的光。”——译者

② 这个阐释是一个有价值的改正。但我感到原来讨论中的阐释并不能得出这样一个要旨：“地理学应集中注意的是存在，而不是转化”〔92：89〕。

is)地区的全面解释,甚至在无限小的瞬间内加以考虑,亦必须包括变化的方向和速度的描述。为了决定现在趋势所需要探讨的过去时期的变化过程,其时间一般较衡量现在其他特性所需要的时间为长。

3. 现象之间关联性如果依赖于目前的过程,它们就可用现在的观点加以分析。但在许多事例中,目前的过程不足以解释现象为什么会产生现在的关联性;而需要追溯过去某一时期内所建立的关联性,当时至少有一些现象在性质上是迥异的。

例如,我们可以用宾夕法尼亚州西部和西弗吉尼亚州获得煤矿以及从伊利湖和大西洋岸诸输入港获得铁矿,来解释现时开工着的宾夕法尼亚州伯利恒钢铁工业。但要了解伯利恒地区为什么会有钢铁工业,就必追溯到该项工业依赖于邻近的铁砂资源以及从勒海谷地运入无烟煤的时期。

自从李戴尔著名的《关于地理学中的历史因子》〔22〕[①]讲稿发表以来,几乎普遍承认地理学必须运用历史资料以解释现有要素的存在和特征。地理学可以单凭目前条件来解释现有现象的所谓"静态理论",纯是批评者的一种虚构。为了攻击这个"风车"[②],他们看不见真正的关键是在:探索现有要素的发展需要或应该对过去追溯到多远?地理学对现在的研究应在什么程度上遵循历史的顺序?

4. 那些不企图阐述现象统一性而试图解释一个地区现存个别要素的起源和发展的地理学研究,提出了一个颇为不同的问题。

① 这在《地理学性质》一书的"地理学史"一节中,明白地并且再三地予以肯定〔1:179,182,183,184〕,在我的具体工作中,亦曾加以阐述〔1:19〕。

② 引西班牙作家塞万提斯的堂吉诃德故事作为比喻。——译者

这种在时间上追溯很远的研究，以某种要素的发展原因作为焦点，许多学者认为它们与系统科学或历史学更为接近。

在每一个上述事例中，过去作为了解现在地理情况的一个帮助。为了这个目的，时间之所以重要的方式和程度在地理学不同部门中有着显著差异。本书将考虑那些发生重大问题的部门领域，即地貌学和气候学以及文化地理学。

地理工作者研究过去，不仅作为"了解现在的锁钥"，亦为了它本身的地理内容。每一个过去时期，都有当时的"现在"地理情况，一系列连续时期的不同地理情况的比较研究，阐明了一个地区的地理变化。于是历史的时间量度就和空间量度合并起来。这种研究和一般历史研究一样，没有必要从任何"开始"时期着手，亦没有必要一直继续到现在。这种研究将在"历史地理学"的标题下单独予以考虑。

地貌研究中的时间和发生

地貌地理学(Geography of Landforms)

在地区变异的所有现象中，地球坚硬表面的形状最接近于静态。这对前几章列为大陆表面类型之一的陆地水体，当然是远非正确的。本节仅讨论坚硬表面。在不论多么长的所谓"现在"的时间里，山地、丘陵、谷地和平原大部分都维持不动和不变。但在事实上，这个结论有其显著的例外，例如火山、三角洲或曲流。这些事例的目前变化观念在地貌的发生概念中是十分明确的。在这些事例中，对现存关联性的解释需要检查一下过去的条件。R.鲁塞耳曾指出：一个密西西比河下游谷地的现在地理研究，必须考虑到近代历史时期河道和泛滥平原的重要变化——这些变化有不少部分是由人类活动所引起〔根据鲁塞耳的一个讲演，并参考：114：9f〕。

但在大部分事例中，地貌的变化过程非常缓慢，可以假定它是静态的。这就是说：假使我们追溯过去到能用高度完整性去分析那些产生地区大部分其他现象的过程，我们仍可发现世界大部分地区当时的以及整个其他现象演变时期中的地貌特征及与其联系的水系基本上是和今天一致的。因为，在切实可行的研究人文现象的过程中，甚至在研究天然植被的过程中，不论我们追溯得多远，与大部分地貌演变的时间尺度比较起来，仍只是瞬间。在理论上，那个瞬间之内的地貌必然曾经发生若干变化，但忽视这种变化所引起的误差是微小的，可能不比企图重新建立这种变化所引起的误差大。

上段所发展的一般原理，在伍特里季的阐述中获得承认：研究现在的地理工作者，"必须限于近似的，而不是终极的发生"〔92：90〕。更具体地说，地理工作者研究发生，只需要追溯到足以进一步理解地区变异中现存的现象关联性为止；只有在这个有限时期内所发生的变化，才对他的研究是必要的。但是，假使在这个时期内地貌基本上并没有发生变化，"近似的发生"（proximate genesis）实际上就接近零。

因此，就地理学大部分需要而论，并就世界上大部分（但不是全部）地区而论，地理工作者在研究地貌及水系与整个现象的关联性时，可以接受"永存不变的丘陵"的想法。

发生地貌学（Genetic Geomorphology）和地理学

对许多地貌工作者而论，地理工作者如果把他们的视野限于一个不具有显著地貌变化的时期（不论是否长达几百年），就像是一个理性上的“叛逆”。几十年来这个在地理学中显得很突出的领域[①]对人类思想的独特贡献就是阐明地球的坚硬表面只是无穷无尽的变化的一个暂时形式。然而，在不同科学分支中，时常引用对该领域大致是正确的概念，虽则对其他领域是远非正确的。

每一个科学分支必须自由地把某些存在的现象作为基本因素，虽则在其他科学中同一些现象必须作为综合体或演变的产物来看待。否则，每门科学将重复其他科学的工作。地理工作者在考虑植被和气候、地貌及土壤的关联性之前，将有必要研究地球的行星起源以及植物生命的演变〔1：307f；72：228f；52：113f；59：37—45〕。

地貌工作者对地貌的发生研究，时常反映地貌学的发展历史跨越着两个不同领域。地貌学同时渊源于地理学和地质学，但它在19世纪的发展，正当自然科学威望急剧增加，而地质学的急速发展超过地理学之际〔参考比较58：273f；59：42—45〕。因而，不管在知识的分野中属于哪一部分，地貌工作者趋向于从地质学，而不是从地理学获得立足点，并为他们的研究成果寻觅市场。

地貌如果被看作某一种现象，那么侧重于发展过程的研究就会导致发生观点和地壳变形理论的建立，这正是系统地质学所关心的。地貌发展如果作为整个地壳发展的一部分而加以研究，现在成为了解过去的锁钥，地貌研究就帮助建立一个年代系统，这正是历史地质学所关心的。根据这个观点，奥季耳维〔20：75n〕、D.约翰生和K.布里安〔100：199〕等学者都认为地貌学只是地质学内的一个工作方法。

① 指地貌研究。——译者

相反地，赫脱纳断言：地貌学如果满足地理学的需要，“它必须经常记住与其他地理现象的因果相互关联性(ursächliche Zusammenhang)”。他认为：如果把重点放在地表形态的地质年代之决定，或放在像准平原那种于现在景观中极少残留痕迹的古代要素上，这个观点就被忽视了〔12∶45〕。

地貌工作者时常不能够认识到这个内容的分歧。因此，伍特里季在《二十世纪的地理学》一书中的《地貌学进展》一文中坦白地供认：他“始终强调地貌学是地层学的补充——一个说明地史的工具”，并且是“地质学不折不扣的一部分”。然而，“地貌学的方法和结论对地质工作者和地理工作者同样是必要的”，而“地理工作者在探索地貌的成因以前，不能把它们作为给定事实”。这个断语所基于的类推法，把地貌作为许多对象的本身，而不是一个对象的形态①；并进一步假定：说我们必须知道地质构造，就等于说我们必须知道演变〔3∶176f〕。

那些坚持地理工作者在地貌研究中必须遵从发生观点的学者的一个更常见论点是：任何其他途径都是枯燥的，缺乏想像力的，并且缺乏任何值得探讨的“问题”。严肃地说，这个论点不是反对整个地理学，就是反对在地理学中包括任何地貌研究。它自己恰就是缺乏想像力的一种表现，或是由于不能认识到地貌研究在地理学中的作用所产生的一种近视。在地区变异的复杂统一体中，地貌与其他因子在作用上关联的方式，提供了一系列问题，对它们的分析需要精详的探讨。

① 一般人写到地貌时，时常误把它们作为实际的对象。实际上所研究的只是地球表面的形状，它只是一个单一对象——岩石圈的一定有限属性。

站立在皇家峡谷①的吊桥之上的观察者，俯视着深达1000英尺的裂缝，就面对两种不同的问题。一方面，什么机械力的组合和什么不同的岩石构造产生了这个在坚硬地表上的非凡切割？另一方面，是什么人类远见和计划横跨这个峡谷建造了更非凡的铁路？什么精巧方法把它在峡谷壁上系牢，并在急流上飞渡，又在落基山东麓肥沃地区的发展上产生了什么深远的影响？

地貌的地区变异性和气候、土壤、植被、农业措施、运输以及许多政治和战略要素的地区变异性之间，有一大群因果关联性在密切关联着。这些相互关联性提供了一大群问题，对它们的因果关联性的探讨，是理解地区变异性的必要因子。这里的困难，并不是缺乏重要的"问题"，而是它们的困难的复杂性。

在许多事例中，较好的途径没有问题是从农业或运输条件开始，寻找它们和地貌变异的关联性。但为了发展地貌重要性的比较研究，亦需要反过来研究关联性——例如乌耳曼在太平洋岸西北区域地理中对哥伦比亚河和蛇河的重要性的研究〔120〕，或者在我们（指美国——译者）较老的文献中关于哈得逊—莫霍克凹地或阿帕拉契安屏障的重要性的研究。但这种研究，需要地貌以外的专业知识，对一般地理学知识都要有所了解。在因果关联性的研究中，对实验地貌学或描述地貌学的成果的利用，需要对地理学中所有相关联的部门领域具有透彻的知识。

这种研究的一个基本条件是发展对于其他因素作最重要关联的特性进行地貌描述的方法。在现实的迷乱的复杂性中，以明白的和可用的方式进行决定，本身就是一个问题，并为追求知识的重

① 皇家峡谷（Royal Gorge）在美国中西部的落基山地中。——译者

要问题。地貌一方面是最易于观察的现象之一，同时又是最复杂的现象之一。陆地的形状排列成为无数的要素，没有一个与其他要素截然分开，并且都在体积上和形状的三个量度上彼此差异。再则，这些地貌要素在地面组成物质的质地上和地下组成物质的构造上彼此不同。最后，不同要素相互间的位置以及不同地貌类型的空间分布，组成了一个在地理学中具有重要意义的复杂模型。按对人类的重要性来衡量，并分析这些内有特性——为了理解一个地区重要的地貌特性略去成千上万被认为次要的——是一个极其困难的学术问题①。

发生地貌学的学者当然很知道地貌详情的极其复杂性，他们之所以相信通过发生的决定就可取得衡量最重要特性的最有效途径，是完全可以理解的。但是，"重要"本身是一个无意义的词语。对一个目的重要的，对另一个可能就不重要，而每一个科学分支都有其不同的目的。煤是一种在成分上、构造上和位置上变异的物质，这些变异性的重要性对古植物学工作者、矿冶工程师以及化学工作者都不相同；对某一煤矿、演变的古植物学研究，并不一定能告诉化学工作者关于煤所必需的知识，反之亦然。对于煤，一个化学工作者能够决定他所需要知道的，而不必研究它的演变。

对这些具体问题，作为一个普通法则而断言："了解任何事物最好的方法是了解如何演变或发展"〔93：46〕，并不是答案。对无烟煤的演变的完全了解，并不对它开始燃烧所需的条件提供一个

① E.哈蒙在一篇于1954年美国地理工作者协会宣读的论文中，描述了关于这个部门的一个研究任务所遭遇的一些问题。他的学生R. N.杨又在《波多黎各地理论丛》的《波多黎各地貌的一个地理分类》一文中（波多黎各大学出版社，1955年，27—46页），提供了具体例证。

了解。这个阐述甚至在理论有效性的范围内——假如我们知道一个对象的全部历史，就掌握它的全部认识——在实践上仍可能是错误的。发生地貌工作者并不能知悉一个地貌演变的每一项事物，假如他知悉它们，亦不能把全部详情表达出来；但是，他所不知悉的，或在解释它的演变一般过程中作为次要事物而加以删略的，可能就是目前与地区变异其他因子作最紧密关联的事物。

对任何这种理论的验证，并不是它的逻辑，而是它的实用性。确有一些事例——例如火山、玄武岩岩脉，或褶皱地区的岭和谷——甚至对其演成历史具有一部分知识，就可帮助对它的现在特性的理解。但在另一些事例，这种不完全的知识可以导致相当错误的印象。在彭克所举的事例中，由于组成物质和演变一般过程的相似性，波希米亚古地块被认为与法国的中央古地块相似〔1：388f〕。但在现代地貌中，这两个地区代表凹与凸的基本不同，而这个显著不同所由产生的最现代演变阶段，在每个地区的整个发生中只是一个次要部分。

因此，对理解作为地区变异的一个组成因子的地貌现有特性，发展的解释性分析起了帮助作用或削弱作用，是一个判断问题，而不是逻辑问题。这确是有些令人困惑的：坚持这种分析对地理学具有价值的人，主要是生产它们的人，而不是使用它们的人①。

发生分析在地理学中的有用性，只在它以那些与地区变异其他

① S. W. 伍特里季和 D. 林敦 1939 年出版的《英国东南部的构造，地面和水系》(不列颠地理工作者研究所，出版物第十号)一书的序言和结语中，表示了和伍特里季在以后方法论论文相似的观点，并断言该书显示了发生研究在地理学中的必要性。第三纪中叶的褶皱和侵蚀的探讨，是否能帮助读者理解现在的地貌，并是最有效的方法，每个读者必须自己加以判断。

因子最密切关联的特性来解释现有地貌时，才可能得到。地貌工作者如果主要以地貌作为研究地质过程或决定地史时期的手段，他的解释性描述将如克塞利所指出的，时常是“一个缺乏描述的解释”〔107：5〕。鲁塞耳和克塞利都总结说：为目的在于解释成因所控制的地貌学，百年来对世界大部分地区的地貌没有能够给予明晰的描述，虽然其中有些地区曾经地貌工作者详细调查过〔114：107〕。

地貌学的传统是对过去曾发生现象的解释胜于对现有现象的描述，这具体表现在地貌的分类主要根据发生而不重视形态。没有必要的理由可以假定一个发生分类会对现存形态提供一个有用的分类，经验表明，时常适得其反〔1：388—91〕。乌耳曼在哥伦比亚河和蛇河对太平洋岸西北部地区变异的重要性的研究中，提供了另一个例子。他发现“先成”、“叠置”或“劫夺”等概念在描述上既不可靠，又失之笼统。更富有描述性的应该是“dioric”（一条河流切穿山脉）或“oxotic”（一条河流横贯了沙漠）等术语〔120〕。

30 多年地理工作者所提出的这些抗议及相似的意见，似乎碰到了教条的墙壁。佩提尔没有经过讨论就断言：“一个根据发生分类所进行的描述，不但最能满足地理工作者的需要，并能使许多其他认为应用地貌学（applied geomorphology）有用的人感到满意”〔4：368〕。同样，伍特里季和伊斯特在面对一个发生描述的失败，并称之为一个“不能答复的争辩”之后，又回复到这个教条：“最好的分类，包括地貌在内，是发生学的”〔93：45〕。

这个教条可能从另一个教条中派生：“了解任何事物最好的方法就是了解它如何演变或发展”。这只有在我们对演变具有全部知识时才是有效的，而这是永不可能的。再则，在定义上，一个分类在许多方面是有意识地不完全的〔101：85〕。如果分类根据发生原则，它就只描述那些在要素发展过程中最属重要的因素，而忽视了发展史上相对次要或偶然性的因素。但是这些被忽视的因素，可能就是决定现在地理学中与其他因子作最紧密关联的特性的因素。

根据演变的分类，可以怀疑是不是一个来自生物科学的输入品。生物标本的分类取决于它们现有的特性，把不同标本包括在同一种之内构成了一个归纳的理论，即它们具有共同的起源，因而在发生上大部分是同一的。理论如果是正确的，在现有特性上可以预计到比我们已观察到的多得多的相似性；那就是说，正确的分类可以增加我们对标本的知识。

这个原则在无机界不能应用。把几个完全独立的要素包括在同一发生分类之中，只是把每个要素的全部解释削减到最大的共同因素。不论相似性达到什么程度，仍不能推测其他因素及其结果将是相似的。总之，并不增加新的知识。

因之，甚至就动力地貌学而论，一个发生分类是否适当，也很可以怀疑。在科学的正常程序上，观察之后就紧跟着分类，从而使可观察特征可用发生术语加以概括。正如地貌工作者鲁塞耳和克塞利指出的，地貌发展过程很少能直接观察，而必须从可观察特性的研究中归纳〔鲁塞耳和我谈话；107：5f〕。发生分类因此是科学研究结果的一个分类，之所以经常发生修改，并不由于对可观察事物有了更全面或更正确的认识，而仅由于科学新理论的发展①。

① 我在为《美国大学词典》校正一下地理学取自普通语汇中的术语的意义时，发现各时期因新的发生理论的发展，教科书中的定义亦就发生修改。创造这些术语的人只是用来描述他们所见的事物，他们称之为“三角港”的，不管发生和演变理论的变化，仍将继续是“三角港”。我用实验的描述给三角港、峡湾、单面山、谷地、山池及三角洲等术语下定义而没有考虑发生。

发生地貌学的地位

我们已发现，地貌这同一对象的研究，可以对地质学和地理学都起作用。就地质学而论，陆地现在的形状只是一个出发点，但对地理学而论，它是极其重要的。另一方面，地貌的演变对地质学是必要的，对地理学则只具有间接的意义。有时是需要的，例如现代的地貌变化。有时只是作为理解现在形状的一个帮助。

但是，科学的分工并不能经常遵循这个逻辑的区别。在这个事例中，它似取决于对资料和技巧的专门知识。个别地貌工作者实际上进行了所有三方面[①]的研究。因此，地貌学更逻辑地与地理学联系，还是与系统地质学或历史地质学联系，依赖于地貌工作者自己的观点[②]。这个结论如果是健全的，普通常识和礼貌都要求任何具体事例决定权留给地貌工作者自己。

正如赫脱纳 30 年以前以及伍特里季较近时期所说的，问题并不在新一代的地理工作者是否会排斥地貌学〔12：45;92：91〕，而在于地貌工作者是否会与地理学丧失联系。勒利最近要求自然地理学者“单纯追踪自然法则在地球上的作用”，听起来像是“出走”(exodus)的号角之声〔108〕。根据上一章第一节的讨论，地貌学在这样一个“出走”中，并不会成为自然地理一个新的、一贯的领域，而是成为许多性质迥异的领域。

地貌学可能向地质学投降。实际上，在许多大学的分系中它就归属在那里。然而经验表明：地质学对地貌学具有边缘的兴趣(从理论上亦是这样)。地貌学除了对地层学和地史学具有贡献以

---

① 指地理学、系统地质学及历史地质学。——译者

② 伍特里季似乎在 1945 年基本表示了这个结论，如果我对他关于 W. M. 台维斯和 W. 彭克地貌研究方法的对比了解是正确的话〔92：14〕。

外,它对自然法则作用于地球的探讨再三增加了地质学的说明,并为其他院系的学生提供了有用的“服务课程”。但对大部分地质学所研究的主要问题并不是必要的。因此,这是不足为奇的,与地理学密切联系的地貌工作者似乎并不想转移到地质学中去,虽则一些地理学者曾不客气地这样建议过。

另一方面,在地理学中,地貌特性的透彻理解显然对变异的研究是必要的,这不但提供发生类型,并对世界每一地区的特性增加了解。因此,地理学完全有理由欢迎地貌工作者处于同一领地之中。在这个广阔的领地中共同工作,根据自由研究的原则,我们不允许对任何学者可能进行的研究加以约束或限制。希望一个地貌学者——不论作为一个地质学工作者或一个地理工作者——观察景观而不想知道现在地貌的发展,就拒绝给他科学的基本精神。由于追求这种知识而批评一个“地理的地貌工作者”超越地理学的假想范围,将是鲁莽无礼的。

但是,地貌学如果成为地理学的完整组成部分之一,可以要求它有义务接受地理学的总目的——地球作为人的世界的变异特性之解释性描述。地貌工作者如果坚持非地理性之地貌研究对地理学是必要的和足够的,伍特里季所称地理工作者对地貌学的地位的“无穷和厌倦的争辩”就将继续下去。地貌学如果要完成它作为地理学一部分的作用,地貌工作者似乎应该询问(而不是告诉)其他地理工作者:他们从地貌学中需要些什么?

地貌的差异,显然组成产生地区总变异性的较重要变数之一。但是,这个总变异性并不是地区中变异要素的总和,而是那些要素在相互关联中的统一体。这些相互关联性依赖于一定时期中的过程,在这个时期内不同要素在形态上发生变化。就了解那个统一体而论，追踪远在该统一体开始以前的地貌发展是没有必要的。所需要的是现有地貌尽可能最明晰的、有分寸的和有用的描述；而现有地貌的分类，要使它能够与其他地球要素的关联性进行发生研究。发生地貌学研究对地理学的价值，依赖于它们对与其他地球要素作重要关联的现有地貌特性所作的进一步理解的程度〔参考 59：42〕。因此，不论什么专业的地理工作者，都欢迎鲁塞耳和克塞利“一个更具有地理意义的地貌学”的建议。

气候地理学(Geography of Climates)的时间和发生

气候地理学中的主要差异与地貌地理学不同，这是由于大气条件下的流动性。在我们称之为“现在”的时刻里，昼夜和季节作有规则和显著的变化，天气作不规则的而持续的变化，多年变化则较不显著，但时常很重要。这样包括在“现在”的时间长短，足以决定大部分地区气候变化的原因——解释世界的每一地区为什么具有它所有的气候。因此，与地貌学一样，决定现有事实和解释它分布所需要的时间长短，并没有重要差别。

追溯现有统一体的发展时，甚至比对地貌还要更加假定过去情况基本上和目前相一致。由于得到了更多的气候变迁的可靠知识，这个假定需要进行重大修改。但由于最依赖于气候条件的要素——植被，特别是作物——因气候变化而相对迅速地变化，在大部分事例中，解释现有要素并不需要探索很早的过去。

但在地理变迁史中，过去的气候条件的变迁可能具有重大意义。特别在“边缘”气候的地区，例如半湿润、半干旱的边缘，在我们拥有更多的可靠气候变迁资料之前，就很难解释过去的地理情况（例如经典时期的地中海地区）。

今天地理工作者关于气候研究的主要问题是地理工作者对气候条件的原因或发生应关心到什么程度。在气候学（climatology）本身，作为地球系统科学的一支，大气现象过程和分布的研究必须包括对不同地区气候差异的解释。作为地理学不可分割组成部分的气候地理学则研究气候因子的地区变异，而这些气候因子与其他因素相统一，决定了地区变异简单的或较复杂的统一体。后者（气候地理学——译者）需要前者（气候学——译者）到什么程度？

现有气候条件的理解，似比现有地貌更不依赖于成因的知识。借以描述和评价大气特性的衡量——温度的度数、降水的数量、相对湿度或云量的百分比、风的速度和方向——我们可以直接应用而不必知道它们的成因。这可能是汉氏和瓦德等学者称气候地理学“特性基本上是描述”的原因。

然而，任何现有气候条件所包含的全部内容远远超过月平均数字。可以劝告熟悉气候条件成因的学者，应用自己的专长，结合一般发表的数据，从而演绎出更多知识。但是，正像布鲁克所建议的，可以运用比月平均更多样化的计算来处理原始资料，从而更可靠地获得这种更多的知识〔98：163—68〕。

另一方面，测候站网永不可能为每一个地点提供正确的数据。在小气候差异显著的地区，下垫面诸因素对局部气候变异的关联的知识，可能是决定那些与测候站不同的地点之气候条件的唯一有效途径。

为了地理学的大部分需要，问题并不在缺乏气候数据，而是如何将可得到的巨大数量的数据化成统计的衡量，从而使气候情况与其他地区变异性的密切关联性得到明晰的与有效的估价。每一个气候因子都在时间上经常波动,从而对许多有关要素产生了显著作用。任何地方的气候分析描述需要选择计算方法,从而不但使波动化成平均数,并可衡量波动的重要程度。

测候站所记录的原始资料提供了无限的计算重要比例的可能途径,例如热量有效率,水分过剩量或不足量以及这些比例在“现在”期间内的波动。气候地理学的一个重大问题是决定最有效的计算方法,从而估价与其他地球现象作最重要关联的地区变异和暂时波动〔参考比较 98:163—68〕。

这些计算在建立和运用中,都是独立于气候成因的。正如勒利在另一个地方所强调的,问题是如何最好地把气候学的事实和其他有关地理要素的过程关联起来〔4:355〕。

现在文化要素研究中的时间和发生

人文现象比自然现象具有更大幅度的逐年波动。因而,作为“现在”,一般需要考虑较长的期间。为了区别暂时的波动和明确的趋势,甚至需要一个更长的期间。

在为解释现有文化要素之间的相互关联而进行的过去条件研究中,问题比大部分自然要素复杂得多。所包括要素的数目较多,种类亦较复杂,并以不同速度变化着。这些变化的变化速度,大部分要比自然现象快得多,而它们的相互关联性可能渊源很早(至少就人类历史的尺度而言)〔参考比较 59:41〕。因此,正像我们以前指出的,为了解释现在要素的特性,我们必须再三追溯到过去时期的地理情况〔1:178f;183〕。E. 章斯总结说:“每个事件必须参照它所渊源的历史背景，这样，地理工作者将最有可能找到原因”〔74：377〕。

由于所有现有要素都渊源于过去，其中有一些还渊源很早，我们为了研究现在是否会被迫去追踪所有的过去发展？正如达比曾观察到的，现有事物的一个完全解释没有疑问地需要追溯到最早的关联性，并考虑其后的演变。但是，完全解释是永远不可能的〔68：9—11〕。在一个地区的现在地理情况的研究中，不能够每条根都伸到底；研究者必须在某一地方切断这个效果递减的探索〔1：358〕。并不能在理论上确定界限在那里；只能说在一个很好组织的研究中，探索过去的不同现象和关联性的学者应该在深度上有某种合理的平衡。

每个方面的学者必须依赖自己的判断对这个问题作出答案。判断所应该根据的原则是说明性描述和解释性描述之间的区别。任何研究主题和范围由前者所选定，虽则除此之外，后者可能领先。假使我们同意，正如大部分学者在实践上曾同意的，地理学主要描述对象是现有要素相互关联所形成的地区变异特性，对过去要素的解释性描述就必须从属于主要目的。赫脱纳总结说，地理学“需要发生概念，但它不能变成历史学”〔2：131f〕。赫脱纳全部论点的意义，可能在麦金德的一个说明中表现得更为清楚：“地理学应该在动力的意义上(dynamic sense)而不是在发生的意义(genetic sense)上进行因果关系的描述”〔18：268〕。

由于法国地理学与历史学建立了非常密切的联系，乔利对这个问题的讨论就特别值得注意〔52：102—21〕。地理学关心于今天存在的地区，历史学则关心时间上的差异。但在人文地理研究中，年轻的法国学者一成不变地遵循历史学的方法，并企图重新组成引导到现在情况的全部事件之链。“这真是必须的吗？生存的、活动的现在，就在那里，我们可以通过直接观察，知道它在构造上的基本事实，欣赏它的活动，衡量它的动力。通过这种观察，我们可以揭开过去的真相。……这难道还不够吗？从过去的研究中只取其对理解现在情况是绝不可少的，只追溯到组成现在情况的因子组合的产生时期，而不追溯每个因子本身的起源？”

乔利继续说：后者①对地理工作者而论是不可能的，并且是不必要的。了解一个现代矿冶区域，没有必要记述矿冶起源以来的编年史，甚至没有必要探讨该区域工业兴起以来的历史；只要认识到劳力、资金、技术以及这个现代采掘方式联合在一起的瞬间就足够了。“当然，这是他需要做的一个微妙决定，但如将它奠基于所描述地区的现在情况，就容易得多了。不管一件人文地理的事物是如何重要，没有必要去重新建立它的全部过去的历史，正如追溯莫尔文山②的全部地质演变之一无用处。只要指出现在地貌所由产生的事物的出现瞬间，就够了。”〔52：112—14〕

正如我们所说的，假使地理学的主要目的在实践上限制它追踪现有文化要素的最初起源，在知识的整个领域中就必然有一个地方主要研究作地区变异的文化要素的发生。这种发生研究主要由相应的系统科学学者进行，或由地理工作者承担，主要取决于实践上或个人的原因，此处不必加以考虑〔1：373〕。在对地理学有用的范围内，这种研究是被欢迎的，不管工作是谁做的。

鉴于文化要素的巨大多样性，应该记住：它们对地区现象的统

① 指追溯每个因子本身的起源。——译者

② 莫尔文山在法国东南部(北纬 47°10′，东经 4°10′)。——译者

一体并不都是同样重要的。愿意避免浪费精力的学者，将选择在地区统一体的变异性中重大的，或可作为不能直接衡量的重大因素之明确指标的文化要素。

历史地理学

大部分地理研究的目的是描述和解释现在的世界，但在本章前几页中已提到有些研究的焦点集中于过去。地理工作者经常承认一个称为“历史地理学”的领域，但作为整个地理学领域的一部分，它应包括哪些探索内容，曾发生了许多争执。

地理界中似一致有这个意见：企图用地理学来解释历史的研究——可称之为“地理的历史”——在逻辑上是历史学的一部分，而不属于地理学，虽则地理工作者曾提供了，并继续提供有价值的研究〔1∶175f，XXVf；4∶81f〕。

我相信地理工作者亦同意：任何过去时期的地理学（用麦金德的话，“历史的现在”的地理学），是地理学的一个形式，与我们普通研究的基本相似，只是它的主要描述依赖于历史记录〔1∶184—87，XXXVI—XXXIX；参考比较 52∶77f〕。正如克拉克指出的〔4∶96〕，这种研究在我们的储藏室中丰富了特殊种类的现象和相互关联性的事例，从而增加了我们发展一般概念和原理的能力，特别是在任何一个历史时期只能找到少数相似例子的领域（例如政治地理学）。

作为“历史的现在”的古地理学的一个特殊形式是某一目前居住地区在人类开始进入时的描述——即该地区的自然地理，或它的自然景观的描写。除少数由最初发现者加以描述的地区以外，这样一个研究不是原始的描述，而必须根据现在的观察和过程关联性的原理加以建立。我们关于世界上相当开发地区的“自然植被”的大部分知识就属于这个类型。

单独一个较早时期的地理学，只有在对过去的意义上，而不是在发展的意义上，是“历史的”。但如研究同一地区的一系列古地理学，这些连续的时间剖面的比较就会显示出曾经发生的发展。在《地理学性质》一书中关于这个题目的讨论，大部分根据赫脱纳的意见，并没有在历史地理学为直接钻研时间上变化的研究安排地位〔1：187f〕。作为时间上变异描述的“历史学”和作为空间上变异描述的地理学，两者不能组合起来——在这个意义上就没有“历史地理学”的地位。之后，苏尔〔115〕和惠特勒绥〔126〕都提出坚强的论点，为历史地理学作为地区历代发展的研究争一席之地，许多其他学者亦发表了相似的看法。

我想，在导致《地理学性质》一书所述的结论的简单讨论中，具有两个重大错误：

1. 虽然承认人们可以研究一个地区任何某一要素在时间上的变化，但这种研究被认为是非地理学的，是该现象类型系统研究的一部分。然而，只有在研究现象本身时，这是正确的。它在时间上的变化没有理由不作为地区整个特性的一部分而加以研究，而地区整个特性亦随时间发生变化。达比随后表明这样一个研究的有效性(他称之为历史地理学中的“垂直记事”)：在时间的演变中，追寻一种经常作为一个地区整体地理情况之一部分并与其他地区要素相互关联的现象〔68：8f；比较 83：22f〕。

A. 克拉克在《美国地理学》〔4：70—105〕的一章中表示了相似的意见，而康伯兰又以《地理学性质》一书所述的相似理由加以诘难:“时间上变化属于历史学范围;空间上变化属于地理学范围”〔94∶185〕。但在这个情况下,两者都有:时间上变化着的空间变异。

这里再和地貌学一样,性质取决于研究目的和主要兴趣。假如所关心的是决定变化的方式和过程,研究性质基本上属于历史学;焦点如果在作为地区整个地理情况一部分的一个要素的变化特性和关联性,它的地理学特性是明晰的。

2. 在《地理学性质》一书中,这个讨论的主要部分是关于整个区域或“景观”之历史研究——反映了当时地理学思潮中占重要地位的题目。对一个区域在历史时期中保持“整个”的概念提出了逻辑上的反对意见,同时亦承认在理论上可以通过历史时期无限数目的剖面,构成任何区域一个连续的历史地理。上述唯一的反对意见是一个实践问题——即认为对这样一个活动图景的分析是不可能的。

假如我们想像:在过去2000年的每一夏至,从空中的同一地点,对英国某一地区摄取一系列航空照片,而由地理工作者和历史工作者作为活动影片加以观看;历史工作者很可能把它当作一个历史图片,地理工作者则肯定会认为是地理的。每一方从同一图片中看到不同的事物。对地理工作者而论,这显示了历史时期中的地区变异;假如每一张照片都是地理的,一系列整体肯定亦是地理的。

这样一个空间上和时间上变异组合的分析,无疑是极其复杂的。但是,强调了实际困难,并不能证明它是不可能的;它最多只是一个警告:如果要得到任何有用的结果,雄心勃勃的学者必须寻找一些把困难减到最少的途径。选择一个面积较小的,地区变异有限的，而产生历史变化的因素较少的地区，这是可能做得到的。

其他学者曾争辩说：把空间变异和时间变异分开来研究是不现实的，两者应该统一而为一个领域——历史成分和地理成分一样多。这无疑将代表整个现实的研究，但它将放弃任何方法上的专门化。

不论地理工作者或历史工作者在大陆规模上或几百年时间规模上——甚至在全世界规模上或整个人类历史规模上——所曾进行的尝试①，在讨论上只是煽动性的，并不鼓励进一步的探讨〔1：175；87：88〕。如果这种历史和地理统一研究在研究水平来说是可行的，似有必要选择很有限的时间和空间剖面，借以取得一定程度的专门化。

作为地区在时间上变化特性研究的历史地理学之目的，既不从属于一个地区之内现有关联性的解释，亦不从属于发生的探讨，但它对两者都可作出贡献。

我们在较早时候曾总结说：为了寻找要素之间的现有关联性的解释，地理学的正常程序是从现有要素开始，从而追溯它和其他要素之间的关联性的历史过程。但这程序会肯定把我们引导到足以解释现状的过去条件中去的假定，是错误的。因为在过去所有时期中，任何一个关联性过程的进行必然受到它的整个环境的影响，而在这个环境中，不同因子作不同速率变化着。对过去的重新建立（不限于那些已知与现状相关联的现象）以及时间上变化着的关联性的记载，将可丰富我们在正常工作中必须从现状通过过去追溯到较早情况的那些关联性的知识〔4：14〕。从这个观点，假如

① 指地理和历史统一的研究。——译者

有关历史时期和现在并没有显著不连续的话，历史地理研究在解释现在地理情况中具有最大的价值。北美洲东部在大发现时期或第一次移民时期的古地理，对了解现在具有价值，但更早的几百年或几千年的发展过程，对现在的意义就较小了。除了少数显著的例外，盎格鲁—撒克逊人入侵以前①的塞尔特人或罗马聚落对英国的关系亦是同样不重要的。同样，目前完全为城市所占有的前农村地区的历史地理，除了街道的类型以外，对现在城市提供很少资料。

我们对历史地理的考虑，限于人类的世界。实际上这几乎对历史地理的所有研究都是正确的。在逻辑上，人类到达以前的地球变化要素的研究，似亦应在地理学中占有地位。但如对这种研究予以重视，我们就需要改变地理学作为人类之家的世界研究的概念，而谈论着，例如“恐龙地理学”。除了定义上的原因以外，还有许多理由使一般人把历史地理学限于包括人类在内的过去研究。

我们在地理学所研究的现象统一体中，不论在那里存在的或过去曾存在的人类都是一个主要因素，而与地区其他变数密切联系。甚至在一个无人居住地区的研究中，我们所关心的是它对人类利益有关的特性。甚至在思考中把人类排除在外的地理学研究，都是一个没有主要因子的统一体研究。

地球作为人类之家，并不限于现在的人类，而应包括历史时期的整个人类。我们之所以对过去地理差异研究感兴趣，就是因为

① 目前作为英国主要民族的盎格鲁—撒克逊人，在公元四五世纪罗马帝国衰亡时期侵入英国。——译者

那些差异性之产生主要由于我们在思想上、计划上和工作上相似的人类。在理论上，他们与其他地球现象所建立的统一体，与现在人类所建立的同等重要①。

最后，把过去的地理学限于人类历史时期（实际上还限于该时期的有限部分），还有一个重要的实际理由。任何过去时期的地理学的原始描述，只有在我们具有见证者时才有可能。缺乏这种见证者，我们就被迫主要从现状的演绎中重新建立古地理面貌。

摘　要

正确了解时间在地理学中的作用之锁钥是：要认识地理学所经常关心的并不是研究现象的本身，亦不是它们在地球上的各自变异，而是现象之间相互关联的地区变异（或作比较简单的统一体，或作比较复杂但仍属局部的统一体），从而接近相互关联现象的整个统一体，后者又形成了作为人类之家的地球的变异特性。

在现有相互关联性及其变化速率的原始描述中，需要一定长短的时间。个别关联性的解释性描述，可能需要分析较古的过程关联性，但这种过去的追溯并不是追究发展或寻找根源，而只是便利对现在的理解。

主要集中于某些现象的成因或发生（包括它们在地球上不同

---

① W. M. 台维斯首先用来鼓励地貌史研究其后又常被引述的比喻，将自然人格化，借以否认自然力量与人类力量的不同，实际上却潜意识地承认了两者的差异："看到一个景观而没有认识到产生它所花费的力量，……就像是访问罗马而盲目相信今天的罗马人并没有祖先"〔92：90f〕。但自然力量的机械作用，与人类脑力和体力的创造性的、有计划的、有组织的和坚持的劳动，并不属于同一类。

分布的理由）的研究，在逻辑上是现象分类的系统研究的一部分——即自然或人文系统科学的一部门。为了实践的或个人的理由，专精于系统地理学某一部门的学者可以从事这种研究，但其他地理工作者并无必要具有这种能力。

直接探讨现象在统一体中的地区变异只限于现在；但前人的文字记载，再加已知的基本不变之要素的现在观察，使我们有可能了解较早历史时期的地理情况宛如目睹。研究一个地区这样一系列的地理情况，我们就可以增补一个地区特性的变化记录。这种统一体变化的历史研究，只要注意力继续集中在地区的特性（它由于某种过程而发生变化），就是地理的，而非历史的；历史研究的兴趣在于过程的本身。

第九章　地理学是否可分为“系统的”和“区域的”地理学？

问题的历史

地理学在19世纪后半叶的特色是自然地理和人文地理的“二元论”；但在它的全部历史文献中，许多学者认为应按研究和表达的方法，划分为两半[①]。

在古希腊和古罗马所发展的地理学中，有些学者认为它的主要作用是对不同国家有系统地汇集资料，另一些学者则企图测量地球，追溯河流源头，或建立气候带。伯格曾评述希腊和罗马地理界研究重点的转移以及不同学派之间的争论[②]。

在近代地理学中，大部分讨论可追溯到1650年B. 伐伦(伐伦纽斯)的经典著作。伐伦应用一个或更多前人所应用的术语，给“普通地理学”下定义：它属于科学(scientia)的一部分，“研究地球一般情况，描述多种划分，以及影响整个地球的现象。”它提供了地理学的“基础”和“一般法则”，并运用于个别国家的研究中，后者则组成了“特殊地理学”。假如地理学维护它的科学地位，它的学者

---

① 指本章所讨论的“系统地理学”和“区域地理学”的划分。——译者

② 我发现费达耳—白兰士亦注意到地理学最初发展时期两个概念之间冲突的历史意义〔26：130〕，这散见于E. H. 伯格的巨著《希腊地理学史》(莱比锡，1883—1892)之中。用英语出版的古地理学史在其他方面是卓越的，不幸对方法论却很少注意。

就必须比通常情况远更注意“普通地理学”的研究〔62∶56〕。因而，伐伦在前一年发表一本日本和暹罗的区域研究（其中大部分讨论人文现象）之后，即从事普通地理学的系统著述，其中虽非全部，却以大部篇幅讨论非人文现象。但他在同一项著作中，包括“特殊地理学”研究应考虑项目的详细提纲，有理由可相信他准备在以后的研究中加以具体化，只是不幸早死，未克完成意愿。

J. N. L. 贝格仔细校读伐伦的拉丁文原著之后（英译本是不可靠的），发现没有理由可以假定伐伦认为特殊地理学比普通地理学次要，或人文现象不组成地理学的一个重要部分〔62〕。费达耳—白兰士对同一章节的评论，亦认为伐伦的地理学观点并不是“二元的”，“一般法则及特殊描述（后者为前者的应用）之间的关系，组成了地理学密切的统一”〔26∶134〕。

伐伦在术语上及其解释上所强调的对比，主要是一般的和特殊的研究之间的显著不同，而因子研究和区域研究之间方法上的区别倒是次要的。以后的学者，例如康德和洪保德，以“自然的”（物理的）代替了“普通的”（一般的），并把包括人文现象在内的所有一般研究，统称之为“自然地理学”（物理地理学），情况就更形混乱了。此处我们没有必要追述19世纪后半叶在德国所发生的争辩，这一部分是以后学者夸大洪保德和李戴尔之间重点不同的结果，一部分由于对科学的概念有了更狭义的解释〔1∶70—96〕。由于那些争辩的结果，特别由于李希霍芬所采取的坚定立场①，在20

① 在他的1883年莱比锡演说之中〔21;1∶91—93〕。由于它只作为就职演说而发表，不幸份数很少。它在德国虽然很有影响，但在其他国家显然很少被阅读。麦金德接受了李希霍芬的结论〔17∶371〕，但没有提到这篇论文，他可能从瓦格纳在《地理年鉴》关于方法论两年一次的讨论中间接获得资料。格兰的批判性讨论并不是可靠的介绍〔1∶116〕。原文可从美国国会图书馆找到。

世纪初德国地理工作者普遍同意因子研究和区域研究在地理学中是同样必要的〔参考比较 8∶89;2∶398—403〕。

但是这个公正的观点,不久即为新的区域理论所推翻,后者把区域作为地区的实际单位,可建立一般概念,甚至可建立一般法则或理论,并显然独立于“系统地理学”的研究〔1∶第九章〕。区域作为真正的整体(甚至具体物体或有机体)的理论是短寿的,但它残留了一个信念:可以用总特性来建立区域的一般概念。在德国,“景观”一词的多种意义有利于“区域的系统科学”(Landschaften)作为地理学核心的理论之建立,而把“系统的”或“普通的”地理学贬谪到较低的水平(虽则还没有完全逐出地理学之外)。施米特纳和劳顿萨赫跟随赫脱纳之后,指出了“普通地理学”的基本重要性,从而对这个理论进行了批判〔44;45∶325;37∶16—18〕。

另一方面,美国许多地理工作者似对区域地理学过分乐观的理论作了太强烈的反感,甚至对它在地理学的地位发生疑问。在区域专著驰名的法国,一些地理工作者亦把“普通地理学”看作“地理知识之王冕”和地理学最后目的。娄拉瑙在诘难这个观点时,仍认识到普通地理学对区域地理学的研究是必要的〔59∶134—57〕,乔利亦表示了同样的意见〔52∶26,57f〕。

历史虽然没有证明什么,但是它的经验教训不是可以轻易放过的。20 世纪地理学的发展证实了赫脱纳在 1898 年所阐述的经验结论:在这个争辩中的悠久争论历史以及重点从一方向另一方的移动,构成了有利于地理学两个方向应同时继续和相互并肩发展的最有力经验论点〔9∶306;1∶457〕。

另一方面,历史上的争辩,产生了地理学存在“两分”的误会。这没有疑问由于我们对描述研究方法的术语不妥当而得到夸大。

因此，正如德章所指出的，“区域地理学”这个术语趋于肯定另一种地理学[①]不联系地区的错误印象〔34：60〕。“普通地理学”和“系统地理学”这两个术语又趋于强调某些现象的一般研究而忽视了现象在一定地方的相互关联性〔2：399〕。

更突出的，“系统地理学”这个术语强调了它与“系统科学”的显然相似性，从而促进了这样一个观点：地理学的一半由一系列分支组成，每分支本身都是一个研究某种现象的科学，而每种现象与相应的系统科学具有共同意义。这样，地理学研究对象的地壳就似由一系列多少分离着的地壳层所组成，每个地壳层都代表包括在一个系统科学之内的某种现象。

系统地理学如果作为一系列对个别因子在世界上的特性、过程和分布之研究，就在逻辑上与相应的系统科学类似，并在许多地方发生重复。因此，这是不足为奇的，在地理学思想史上再三出现系统地理学并不是地理学一部分的论调。

系统地理学的许多著作，特别在教科书中，大量包含了主要关于某现象的结构、作用和过程的探讨，而并不与其分布地区相联系〔2：133，401〕。如果对这些现象在地球上的分布给予一定注意的话，亦时常对与其他地区变异性的相互关联性很少讨论。

没有疑问，其中一部分原因在于分析不同地球要素之间的关联性，就必须知道一些关于每个包含要素的发展过程，而这些过程业由相应的系统科学学者加以分析。再则，在许多情况下，有关系统科学已对那些过程建立了比地理工作者所建立的不同地方不同现象相互关联性原理更正确的和更普遍的原理，这就增加了系统

① 指普通地理学或系统地理学。——译者

地理学的科学地位。但是，解释性分析如果作为“科学”的标志，这些工作主要只在它们的非地理学部分是“科学的”，在其地理学部分则大部分是描述的。

这并不是说地理学可以与系统科学分离，而是指两者的最后研究目的不同。在描述和解释现象分布的系统科学研究，以及作为区域变异性的一部分来描述和解释这种分布与其他因子分布之关联性的地理学研究之间，区别更为困难[①]。但是，这提醒我们：所有科学只是知识整体的一部分的探讨。

另一些学者时常争辩说：“区域地理学”必须在另一方面排斥于地理学之外。地区复杂现象的统一体的分析既不能直接应用系统科学方法，而地区又不能当作个体，因而区域研究并不属于地理学范畴。不论作为应用地理学的一个形式或作为一种技术，都不应该包括在一门争取作为科学[②]的领域内。

娄拉瑙在与一些断言“只有普通地理学才能作为一门科学”的法国地理工作者对这个问题的讨论中，有力地抨击后者的假定：大部分普通（系统）地理学能够将它的资料分析达到他们所称的“科学的”方式和程度〔59：134—57〕。许多学者曾假定：进行某些自然因素的初步统一体之某些分析程序的能力，是“普通”或“系统”地理学的内在能力，因而这在该领域所有部分应该都是正确的。娄拉瑙指出：在人文地理方面并没有达到这种成就，亦不可能在全

① 在《地理学性质》一书中，用大量篇幅说明这种区别。该书主要根据李希霍芬、赫脱纳、彭克、利曼、施米特及米乔特等人的著作〔1：92，415，426，458〕。其后又特别明晰地由乔利加以探讨〔52：57f〕。

② 指地理学。有些地理工作者具有明显的自卑感，只是“争取”作为一门科学。——译者

部“自然”方面达到。由于大部分地理复杂统一体并不能分裂成为初级统一体，如以“不科学的”为理由排斥区域地理学，紧接着就会排斥目前称之为系统地理学的大部分①。

地理学是否可称为“科学”，并不取决于将该门知识领域割掉一大块。作为区域变异的现象复杂统一体构成了我们世界的现实。对这些变异着的统一体进行描述，并尽可能进行分析和解释，没有疑问发生了难以答复的问题。但是，地理学正是人们期待这种答复的学科，它亦经常企图提供这种答复。

地理学中区域的和部门的分析逻辑

为了解释这个地理学方法显然的“两分”所包含的内容，我们需要重新考虑一下地理学研究主题之地理本体（geographic substance）的性质。我们曾描述地球外壳充满着在地球上变异的多种多样复杂现象，而这些现象在地区之内相互关联，在地区之间相互联系。但是，关联性和联系性有着程度上的差别，从很密切以至很微小。现在有必要考虑这些在地区之内及地区之间现象统一体的差异程度的结果。

1. 许多现象在成因上或在发展上相互关联，其他许多现象存在虽则距离很近，却大部分或完全彼此独立。一些地方要素代表着大部分彼此独立现象的统一体，例如野生植被及其相关的气候、土壤、地面坡度和水系，或农庄及其相关的文化、经济、气候和土壤

① 这种考虑的逻辑结局被我的一个天文学同事所指出了。他排斥了全部“所谓社会科学”；当问到生物学时，他表示他的最后结论（当然，在鸡尾酒会上），只有天文学和物理学才是“真正的科学”。

等因素。在同时包有农田及林地在内的小面积土地之内，可能也有矿产，后者直接与煤矿、河谷及铁路关联，而与农庄及林场关联较少；亦可能有一个古老土著民族的居留地，他们在这里的存在，可能单纯由于一个地方政客的努力。因此，任何一个地方的现象总和不是单一的统一体，而是许多松弛地相互关联的分片①的复合物（其中每一分片由密切相互关联的现象所组成），还有一些与其他现象很少或没有关联的现象。甚至忽视了后者，在研究松弛地相互关联的分片之地区变异性时，仍表现了各组成分片变异速率的不同，各组成现象亦表现了较小程度的不同变异速率。

2. 在地球上所有地方之间，具有一定程度的相互关联性，例如大气情况，但一个地方的许多现象往往大部分独立于其他地方的情况，而其中又有一些密切联系着。某些现象不但一般更依赖于地区联系性，同一现象并且在世界不同部分具有很大差异性。一些地区更为自给或更为孤立，另一些地区更依赖于外界地区。

上述各段如果显示了地理学研究主题的一般性质，那么，我们对它愿意知道些什么详情？我们早就注意到，研究的目的有两方面：①人文的兴趣，或需要知道我们所居住的世界的事实；以及②理性的认识，从而理解或解释观察事实的关联性。我们注意到，前一项目的在地理学中比在许多其他领域中来得更广阔，更直接和更强烈，事实较易观察，而其关联性则可能很难决定。前一项目的通过表面的描述即可获得满足，它是第二项学术性目的的先行，甚至在后者不可能满足的情况下，它本身就可满足重要的人文目的。

① “分片”原文作 segment，指要素或现象之间的复合体或统一体。“分段”（section）则指地区上的划分。下同。——译者

我们假如暂时很松弛地想像任何一个地方的地理情况可由一些有限数目的、突出的或“特征的”要素所代表,那么,较大地区的地理情况可以想像是这一个地理情况在整个地区中位置移动时所作的变异性,但只是突出的或“特征的”变异性。一般社会人士就愿意或需要知道关于大小地区及远近地区的这种知识。他肯定愿意知道整个世界,因为他自己就是不可分割的组成部分,并可能与世界每一部分发生关联。再则,他愿意知道他的特殊世界领域或大陆之内的地区变异及其与其他大陆之间的联系。跟着国家、大区、县区或地方等不同等级,他越来越需要知道更详尽的地区变异及其与其他地区的联系,同时亦可能对其他地区的同样知识感到兴趣。

不论什么地区单位,所需要知识只是有关该地区之内的地区变异及与其他地区之间的联系。关于较大地区的某一项目的研究并不能提供所需要的知识,读者可从该较大地区获得研究地区任何有关资料。

这种对大小地区的个性之关注,在下述普遍事实上获得最明晰的表现。远在职业地理工作者出现以前,人类对所知道的地方给予了单独的专有名称,不仅像以后街道或房屋的号数作为位置之用,而是个性的承认[①]。满足这个人类普通需要的地理学基本目的,表达在费达耳—白兰士的一个阐述,其后并为无数地理工作者所支持:“地理学是地方的研究”〔1:241〕[②]。

① 注意在某些事例中,单纯号数有时亦获得了名称的特性,例如“第五街”。

② 费达耳—白兰士在1913年写下了这句成语〔27:299〕。似可认为这直接地或间接地衍自李戴尔著名的成语“地球表面为地球事物所充满的地区”〔1:57〕。亦可注意苏格兰哲学家A.本恩的阐述,地理学的基础是“占有空间之概念”,《教育科学》(纽约,1879),272页。

如果使任何等级地区的地区变异知识超过一些突出特点的表面描述，就必须探讨许多现象，它们作密切或松弛的关联性和联系性组成了每个地方的地区特性。为了研究的便利，要素的综合体可以划分为若干由相互密切关联要素组成的分片，这些分片再可划分为若干包含因子数目较少而统一性更为密切的部分，其后再可层层划分，以至单个要素或因子。但在每个情况下，分片的地区变异研究都通过它的因子之间及与其他地区要素或因子之间的相互关联性。

这个对我们主题的解剖，可与人体解剖相比拟。在解剖学中，所有事物和关联性都可按项目分类：骨骼、肌肉、神经、血液系统、消化系统等等。但解剖工作者亦需要研究和描述头、臂、腿、胸、腹等等。意义深长的是：根据大英百科全书的解释，这两种方法分别称为“系统的”(systematic)和“部位的”(topographic)。

除了这种相似之外，显出了一些主要的差异。解剖工作者具有数以千计的身体可供研究，地理学却只有一个地壳。在地理学中，所研究要素的数目远较繁多，划分明显项目比较困难，并在许多情况下，它们的相互关联性的认识远较困难。再则，世界之划分为地区，远较人体之划分为“部位的”部分为不明显。

结果之一是：在地理学中，很难决定如何将地方的现象综合体分裂为便于集中研究的项目。由于所包含的因子为数众多，并且不论种类之相似或不相似，都作不同程度的相互关联，因而在不同程度复杂性的水平上，并在多种不同组合中来研究它们的地区变异，是有益的(见第七章)。

再则，在地理学中很难决定什么样的划分最为有益。同时，由于近似性具有更大的意义，这种划分比解剖学更为重要。虽则人类已发展了越来越多的长距离运动，但对任何一个地方的大部分现象而论，特别是人类本身，在一个地区之内与较近处的联系和组合，一般仍比与较远处的联系和组合为重要（参考比较 123）。实际上世界所有国家的政府都按地区而组织，就是这个事实的一个反映。

在地理学研究中，地区的划分没有必要是连续的。实际上，在最常见第一级海陆划分中，我们经常忽视了连续性。为了减少每一级之内的地区变异，我们时常将地区群集为“文化世界”。根据许多理由，西北欧洲、盎格鲁美洲[①]、澳大利亚以及新西兰，组成了一个适当的地区群，为了某种目的（例如农业地理研究），根据主要气候带群集地区是有意义的，但如推之过远，这个方法将落入陷阱之中。只有在特殊情况下，将“地中海气候”地区作为一个群才有利于农业地理研究。

甚至假如我们并不探讨个别地区或某些现象综合体，为了描述或解释我们所研究的非常复杂的主题——地壳，我们仍需要找到一个或一些分析的方法。

以前所作的理论说明，我们可用图式作更完善的阐释。让我们假定任何一个小地点（x）的地区变数和相互关联现象的总和为 g，加上 x 与其他地方的相互关系，组成了 x 的全部地理情况。于是，跟着 x 的位置在整个世界的变异，g 的全部变异性可代表世界地理。对任何地方 x 的知识要达到这样完全的境地当然是不可能的。并且，如果我们将 g 重新下定义为我们对任何地方 x 所能知道的大部分，那么知道世界上 x 的每一个地点的 g 仍是不可能的。

① 指美国及加拿大。——译者

实际上这种完全性远非需要的，它将以细小的或无关紧要的项目之详细情况泛滥了我们的图书馆。

因而，我们不但接受(吐一口气)可能的限制，并且有意识地排除任何重要性极小的，虽则我们能够观察到它。因此，正如前一章所指出的，我们忽视g次要的非累积性的变异。我们甚至在一个地区的特殊地方可以忽视g的主要变异，如果在该地区中g在其他方面很少变异。通过这些方法，我们可以很接近真理地说：当x在一定地区范围内变异时，g并没有作重要的变化。

假如我们改变g的概念，使它代表x的最需要的知识，我们仍需研究一个高度复杂的变数。因为，它的一些因子可能以大致相同速率从x′变到x″，它的另一些因子群或单个因子以不同速率在地区变异。如果同时考虑g(虽作上述缩减)以及地球上的地区变异(亦作上述缩减)，我们所面对的问题仍将非常复杂。我们必须将g或世界划分为较小单位，或者两者都加划分。

随着我们逐级划分g——对一个地方x的最需要的知识——为较不复杂的而较为紧密统一的分片，我们就能以递增的正确度来研究世界上每一分片的地区变异。应该注意：统一体的紧密性，并不依赖于所包含现象之内的性质相似性。把因子划分为无机、有机以及人文，并不对统一体的紧密性提供标志。植被的地区差异可能与气候密切统一，而煤矿在地理学中只与矿区的人类活动作显著联系。因而，在决定什么现象应包括在各分片之内时，我们选择那些在地区变异中表现最显著一致的因素，指出了它们之间密切相互关联性或对同一控制因素之依赖性的存在。

当我们划分世界为分段时，每个分段之内地区变异性越少，就越能完善地分析g所包含的变异性和关联性。在这个事例中，每个地区分段的地区变异性之复杂程度显然只部分地依赖于面积大小;在一些地区,甚至划分为相当狭小的分段时,仍具有巨大程度的地区变异性。

必须记得:每一个方法都违反了世界地理的统一性;因为,g的几个分片或单个因子(一个地方的地理学),实际上在相当程度上相互关联,而世界不同分段在许多方面相互联系。因而,假如g划分为许多分片,每个分片的研究必须考虑它的现象与其他分片的现象之关联性;假如地区划分为许多区域时,每个区域的研究必须顾到它与其他区域的关联性。

假如我们同时研究整个世界的地区变异,就必须把现象限于总和的一个很小分片,一般就限于单个因子或在密切内在相互关联上基本组成一个单位的因子复合体。这个方法提供了很大便利,把力量集中于一个变数(与其他变数相关联)的地区变异上。通过这个途径,可以观察到地区共同变异的类型,提出了因果联系的假设,并可用过程关联性的研究加以论证。因而,这个“系统探讨方法”允许一般概念和普通原理或法则的发展。

然而,这个把单个因子或因子复合体孤立起来研究整个世界的方法不幸只有有限的可能性。在海洋、气候、地貌或天然植被的研究中,它最为有用。按照现象依赖于人类活动的程度,世界不同部分的文化、技术、经济水平以及制度之巨大变异将支配所研究现象的地区变异。因此,一个世界稻米生产研究所得到的唯一肯定结论是:稻米产于(假如条件可能的话)文化传统以稻米为日常食品之区。对稻米其他地理的重要结论,必须分别研究那些文化传统包括稻米消费的地区和那些不包括稻米消费的地区。反之,假如我们在研究地区变异现象分片中包括了人文因素,那个分片对一个世界研究而论，就变得过于复杂。

这个结论可以解释许多学者曾加评述的一个情况。自从拉采尔第一次企图把人文地理现象系统地加以组织以来，50 多年已经过去了，我们仍很少堪与气候或地貌的全世界研究相比拟的人文要素之世界研究。在土壤和矿产资源等要素的全世界研究中，同一困难显然是存在的。对这个规律的例外，我们可以举出石油的事例：感谢地区的相互联系性以及那个矿产的特殊重要性，给它带来了一个共同的经济文化和技术。

实际上，我们早已认识到限制研究现象的分片和限制研究的地区所包含的原理。研究地区如果限于文化、技术和经济水平或多或少大致相似的一个国家，就较有可能建立关于人文要素的一般概念和原理：但不能假定这些概念和原理适用于该国之外。

所研究分片的地区变异愈是复杂，我们就必须划分为愈小的、愈近乎一致的单位，从而更严格地限制地区的面积。地理学的完全复杂性，只能在一点(point)上予以研究。

因而，我们在理论上总结了在实践上很明显的事实：我们不能研究一个地区的重要地理现象的完全组合；我们能够提出每个分片的完全组合，但由于在同一地区之内(不论它的面积是如何狭小)，这些分片彼此相当独立地变异，这个综合体我们并不能加以统一。

总之，不能认为地理学可分为：分析全世界各个体因子的研究以及分析各地区因子综合体的研究。前者在逻辑上是相应系统科学的一部分，后者则根本不能实现。地理学的所有研究，都分析统一体的现象之地区变异和联系。并不存在“两分”或二元论，而只有一个连续体的逐步过渡：从那些全世界上地区变异的最简单综合体的分析以至那些小地区之内地区变异的最复杂统一体的分析[①]。前者我们可恰当地称为“部门”研究[②],后者为“区域”研究。但应该记着:每一个真正的地理研究,同时包含了部门的和区域的探讨[③]。

部门的和区域的方法之交互作用

上节总结说:大部分地理学研究需要同时应用部门的分析和地区的分析。所研究现象划分为较简单的而较密切统一的因子群,所研究地区则划分为较小的、较不复杂的而较不相互联系的部分。在一个严密组织的研究中,两个程序在相互关联中进行——不论学者本人对这个过程是否感到。

让我们假定:学者鉴于所包含现象的复杂性,决定首先将所研究地区——例如一个大陆——划分成较小部分,以便于综合体的分析。第一个步骤很可能是决定大陆各不同部分综合体的主要变异之形成因素,而大陆在这个基础上进行划分之后,该因素在每部

① 博伯克认为统一体最易达到的研究是区域地理学(Länderkunde),并建议所有中间的类型属于第三类〔30:139〕。我认为对本问题而论,更重要的是认识到中间的步骤是无限数的。

② 如果在词义上追溯“部门的”(topic),它就与“地志学”(topography)一词同源。幸而在英语习用“部门的”一词,不带有任何语源上的意义。这是一个显然宁愿忽视“发生”的事例!

③ 本节所表示的观点,显然与《地理学性质》一书大不相同,这反映了我新获得的许多资料,这里不克一一枚举。赫脱纳曾指出在普通地理学和区域地理学之间有一系列等级〔2:399〕;阿克曼1945年的研究强烈地抨击两者之间的二元论概念〔95〕;在修改本书过程中,编者所提出的问题以及博伯克的研究〔30〕特别帮助了我,后者直到那时才引起了我的注意。

分之内只是次要变异。通过第一个步骤的划分,他就减少了每一个地区部分之内所研究变数的数目。在每一个地区部分之内,他就可用同样方法继续进行划分,使在每个划分之内变异的现象的复杂性进一步缩小。

和传统不同,没有理由可以假定我们能够将所包含因子按标准的重要次序而加以排列。这依赖于所研究现实的特殊分片——农业地理和工业地理不同——以及所研究的特殊大陆;在较低级划分上,同样依赖于所研究的每一部分。

我们刚才描述的过程,必然包括对所研究现象复合体的初步分析,从而决定如何最好地将它划分成较简单的和较密切统一的分片或单个因子。这似乎并不形成特殊问题,因为我们习惯于从"自然要素"出发,而"自然要素"似乎很容易分为数目较小的项目。我们忘记了:决定统一体的现象相互关联性并不依赖于项目,而依赖于单个因子的特性。湿度、温度和风系简单地称为气候可能是一个语法错误;地面水、土壤水、岩层水、冰雪和水汽并不是同一的地理因子。人文现象肯定极难划分为作用上显著的类型,任何曾从事统计资料工作或都市结构绘图的人都可以证明这一点。

假使我们需要个别地研究每一个因子,我们的工作量将繁重不堪。我们如果能将两个或更多的不同因子,按照相互依赖的初级统一体,建立起一般形式的因子复合体,我们就跨进了一大步〔1:428—31〕。众所周知的例子包括:表层不成熟土壤的陡坡;几乎水平的、细质土壤的、排水不良的而具有灌溉水源的泛滥平原;针叶常绿林、灰化土及亚热带气候所控制的泰加地区;峻陡的、阳光充足的、土壤质地粗疏而排水良好的梯田葡萄园;作为鼓风炉、炼钢炉、碾铁机、货房、铁路辅线等等复合体的钢铁厂;铜矿床、采矿工作、冶炼炉及其有关要素（包括矿渣）。

列举多种例子之目的，在于表明第一级因子复合体可以由极广泛项目（无机的、有机的及社会的）因素组成。由于最近德国地理工作者对因子复合体的建立，是通过这三大项目①逐步组合的系统〔参考比较 30：126—30〕，我们对这个问题需要进一步加以观察。这样做时，就必须区别一个因子综合体（作为因子的组合，其地区变异性密切统一）以及因子的总和（它们的地区变异性只略微相互关联）。把某些温度和雨量等级组合成一个“气候类型”（例如柯本和桑怀特的气候分类系统），我们就产生一个“多要素类型”，只是对两个大部分相互独立的因子同时予以描述概括。凉爽地区可以是干旱的，也可以是湿润的；炎热地区也是如此②。

在无机因子组成众所周知的某些因子复合体中，大部分相互并肩存在而缺乏相互关联性。宏观世界就是显然的事例：崎岖的土地可热可冷，可湿可干，而沙质土壤可在所有气侯类型或所有地貌类型中出现。土壤肯定是坡度、基岩、雨量及温度的产物，但在包括植被作为统一因素之前，土壤基本是一个没有意义的概念。更广泛地说，我们可从实验观测并从过程的知识概括：主要通过有机物的作用，地壳的复杂无机物质才能统一而为因子复合体。

帕萨格和他的追随者强调以植被为“自然地理学”的统一体之关键性指标〔1：300—305；315—20〕。但是，天然植被虽与气候、

① 指无机的、有机的及社会的。——译者

② 桑怀特对热量和水分有效率指标的计算，有一部分根据同一资料，这个事实给予两个指标组成一个统一的因子综合体的印象。热量有效率的指标属于这样一个统一的因子综合体，但“蒸发蒸腾”只是水分有效率指标的一个因素，基本上独立于另一个主要因素——雨量。简单地说，地球上雨量实际需要与雨量实际情况之间不幸并没有作用上的关联性。对这一点，桑怀特自己的讨论颇为明晰地予以阐述〔118：65〕。

土壤和水等因子的变异密切相关联，与地貌的相当巨大变异却较少关联，与底土层之下的矿产更无关联。

植被所形成的因子复合体在世界大部分地方由于人类对天然植被的影响而被毁灭或改变。它们由地理工作者重新予以“创造”，这是理论的而非现实的产物。但在它们的位置上，人类创造了远较繁复的因子复合体，有初级的，亦有较高级的和较复杂的。其中许多包括无机的和有机的以及社会的因子紧密统一体。因此，为了德国自然区域（Naturräume）所绘制的无机因子“自然”综合体中，统一体取决于“有用性”（Nutzbarkeit）。但是，甚至我们能够假定德国各地区的文化是不变的，这个衡量肯定视城市的市场而变异。

人类用无机和有机因子所创造的因子复合体可能独立于那些创立于人类之前的因子复合体。因此，在美国北方内陆以“玉米带”农庄为代表的因子综合体，是一个土地所有制、耕地、谷仓、机械耕作以及特殊作物和牲畜组合等类型的统一体，它在过去的林地或草地上差别不大，但与其他条件如土壤、地形和气候等密切关联。人类亦直接与无机要素建立因子复合体，而不需用有机因素作为媒介，例如采矿和矿藏之间的密切的、单方面的绝对统一体。

正如博伯克所指出的〔30：129f〕，纯由无机因子所组成的因子综合体比那些包含有机因子在内的为稳定，后者又较包括人类在内的为稳定。同样正确的是第一种情况的过程关联性之分析只包括自然科学法则，第二种关系到生物科学各种法则，第三种情况我们就被迫面对关于人类和社会较不肯定的概括性。但由于在研究包括人类在内的任何综合体中，我们迟早总要面对后者，因而，把我们所观察的实际统一体划分为较不现实统一体的企图，并无益处。这样，所忽视的事实是：人类和流水或风一样，是产生自然效果之自然力的一种。在过去数千年里，作为社会群集的人类，初始驾驭了一些畜力，其后控制了机械力，已成为在世界大部分地方创造因子复合体的最大自然力。

但在应用人文起源的因子复合体上，有一定的重要限制。其中一个是由于人类的个性。例如个体农民可能选择同一些因子，而组合成异于他的邻居所组合的因子综合体。这是反映意志的自由，或是由于他幼年时的一些疾病，就不在我们探讨之列。我们假定多数农民可以视作一个因素，只有他们都在同一社会经济制度下时才是正确的。因而在每一个主要文化地区中，必然有一套不同的因子复合体〔参考比较 34：69f〕。

因此，我们总结说：在作为地区变异研究现象的复杂组合之分析中，我们首先决定什么是能够并且应该作为统一单位在地区变异中予以研究的因子综合体，而不顾其个别因子的性质。综合体是否成为一个有效统一体的验证，就在于观察它作为地区变异的因子，是否表现了一个密切的相互关联性。

假如我们已把许多因子包括在几个这样密切统一的因子复合体内，第二步就是决定复合体之间存在着什么关联性及其可以组合而为较松弛的、较高级的复合体之程度——例如耕作及有关的商业活动。在每一较高级的而较松弛的统一体中，复合体的不同部分相互间具有越来越大的独立性，必须进一步进行地区划分，使共同变异性局限于范围越来越小的地区内。

上面几段所描述的理论上程序，使重复变换部门的和地区的研究分析方法成为必要，并通过假设的再三验证，决定两种分析方法最有效的组织。因而产生了这个问题：只用一个方法进行我们的研究，是否有些不可能？

由于任何因子或因子复合体的地理研究包括它的变异性与其他变异性之间关联性的研究，阿克曼几年前建议，最近威科克又重复这个论点："如果系统研究是完全的，它们就可加在一起而形成区域地理学"〔95：138；91〕。

我们必须同意：一个大地区完全的和完善的部门研究之总和，将包括它的区域地理研究所应包括的全部事实和全部关联性。但是地区每一部分所包括的关联性将散见于不同章节之中，对于地区不同部分变异着的完全统一性之认识和了解仍存在着问题，而非简单加法所能解决。区域划分，由于它不能最后描述地区的每一个地方，亦不能提供这个完全统一性之地区变异的整个图景。但它对所划分区域的特性提供了一系列描述，对每一个描述的区域作出实际情况的概括图景，而完全统一性在一个区域中比在整个地区中变异较少。

再则，随着区域划分的精详程度，到了每一个区域的现象总和之个别描述接近于区域变异的实际情况时，这些区域在地图上所表现的镶嵌图案提供了地区总结构的近似物。总之，它组成了一个统一体，而不像分别的部门研究所表现的结构类型仅是一个组合。我们同样亦用这个镶嵌图案作为考虑相互联系性的组合之基础，而后者作为因子或因子复合体之间的空间相互作用由部门地理分别予以研究，并能达到较大的精度〔1：439—41；34：83ff〕。这样得到的地区总结构和作用的近似观点，由于精度远远赶不上部门研究所达到的，在进一步探讨上价值远较逊色，但它代表一个最后产物，为我们提供了对地方现实的最大理解。

反之，几十年以前有许多学者相信：应该有可能通过地区的直接检查，把它们划分为一个顺序和类型系统，从而来分析地理学的实质。大部分作者对这个问题似已接受了（或者独立地得到）《地理学性质》一书所达到的否定结论〔1：311—65，439—44〕。在德国，最近奥勃斯特再一次肯定这个观点，而施米特纳在答辩时扩大了早些时候对赫脱纳的批评意见〔44；45：32f〕。劳顿萨赫在一篇以广泛文献研究为基础的论文中，亦重新检查了这个问题，并与《地理学性质》一书获得一致的结论："逻辑上，地区并不能按照它们的总特性而进行分类"〔37：16—18〕[①]。

在美国，范克利夫曾敦劝我们应用李戴尔的区域研究方法，但他所指地区甚至比目前称之为"微地理"的还远较微小："地理工作者必须观察地球的景观之每一平方英寸，借以希望发现足够的重复事例，使他能够化假设为法则"〔124；125〕。并不需要什么计算就可以显示：他自己所承认的这个建议"似乎"不现实，是一个过低的估计。人们不禁问：有什么理由希望发现重复事例？

我们早些时候对任何地区的复杂统一体性质的检查提供了答案。在包括人类在内的世界任何部分，我们开始探讨之前就可以肯定：在不同文化的地区中或在不同气候的地区中，我们将不会发现同一统一体发生重复现象，而该两个因素大部分相互独立地在世界上变异。再则，当我们考虑到任何地区中所存在的统一体对它与其他地区的联系之重要性时，必须认识到世界的每一个地区之不可重复特性，因为，一个地区不可能和世界其他地区在位置上

① 劳顿萨赫进一步提出一个肯定的建议（过去20多年来他发展了这个建议），他用了"地理的形式变化"（Geographische Formenwandel）这个术语：个别地或集体地研究地理要素的特性或形式之变化及变化速率（对于地区，而不指时间）〔37：20ff；38〕。这个概念值得注意，虽则此处不能详述。施米特纳曾长篇地予以讨论（45a）。

发生重复。

在区域的和部门的研究中之区域方法

绝大多数地理工作者认识到世界并不由许多区域的镶嵌图案组成,我们亦不能够希望用一个区域的单一客观系统来划分地区现象的较复杂统一体。然而,为了用一个有限范围的地区变异性来分析复杂统一体,必须把大地区划分为较小单位。划分地区的目的是获得地区的分段,或者"区域",从而使在每个区域之内,所研究的统一体分片之因子将显示几乎恒定的相互关联性以及地方间最大程度的相互联系性,而两个方面的不连续将主要沿几个区域之间的分界线出现。因此,正如 P. 詹姆士所指出的,"区域概念"及"区域方法"必须不与我们通常所称的"区域地理"相混杂〔4∶9〕。区域概念和区域方法实际上在每一级的地理研究中都应用,从连续体的最初统一体研究(极端的部门探讨)以至最大限度统一体研究(极端的区域探讨)。

詹姆士所提到的混乱,无疑源自我们对"区域"一词具有许多不同的概念,每一个都在部门的和区域的探讨之对照中有着不同的关联。对这些不同概念及其在地理学中应用的分析,有助于进一步表明差异的递变性质,而我们曾错误地认为这是"两分"。

在历史发展上,地理学中的区域概念从划分一个地区为若干部分,借以研究每一部分的最大限统一体的需要发展而来。早在1903年,赫脱纳就指出:在这样一个划分中,不但需要考虑地方的所有重要相似性,还需要考虑地方之间相互联系性的位置关联性〔10∶197;2∶280f〕。由于这两套情况在很大程度上相互独立,或实际上属于相反的类型，它们不能在逻辑的客观基础上予以组合。不同学者所做的区域划分，以及同一学者所建立的许多区域，对特性、同一性与相互联系性程度所给予的相对重要性，表现了显著的不同。再则，比例尺问题提出了一个进退两难的问题。地球表面突出特性之一是：在一些地区，变异是微小的和逐渐的，另一些地区则是显著和不规则的。同样，在世界一些部分，广大地区的地方之间具有密切相互联系性，在另一些部分这种密切相互联系性只限于很小地区。因此，为了建立一个可用的区域划分而避免过多的大小悬殊的地区单位，学者就被迫和现实达成多种主观的妥协。他时常被迫接受一定地区作为单位，只是根据它的每一部分不同于邻近地区而所有部分大致享有同一位置，但该地区在性质上显然复杂并缺乏密切的相互联系性。

我们如果寻求地理工作者在一般称为"区域的"研究中所应用的"区域"这个术语的意义，在大多数事例中必须忽视序言中所称的定义，而需要实验地考验他们称之为地区的这个术语的特性。在这个基础上，最多只能说：一个"区域"是一个具有具体位置的地区，在某种方式上与其他地区有差别，并限于这个差别所延伸的范围之内。差别的性质取决于使用这个术语的学者；如果没有明晰地予以阐述，就必须从内容中加以判断。

对我们学术用语中最重要术语之一的这种用法，似是松弛的；特别是许多地理工作者企图对一个区域予以一个正确的技术定义，相形之下，就显得更松弛了。另一方面，这个松弛的意义，是完全与一般用法相一致的。标准的词典对这个词所下的定义，只意味着一个没有确定范围但相连接的或大或小地区。但在应用"区域"这个特殊词汇而不简单用"地区"或"一片地区"时，甚至一般人都暗示他用那个词所称的地区是突出的，在某种方式上是有差别的。这在“威斯康星森林区域”、“芝加哥区域”、“科罗拉多西南区域”或简单地“我们的区域”等日常用法中获得表明。在每一个事例中，称为区域的不同地区部分都是假定具有一些共同特性或组合，至少有一个共同的位置。因此，这个术语在地理学中最广泛地应用的意义，基本上是与日常用法相同的①。

正如惠特勒绥所观察的：地理工作者认识到这个一般用法的“区域”概念之笼统性，许多年来“尝试塑造和突出‘区域’这个术语的技术意义，使它能比非技术用法提供更有力的工具”〔4：21〕。但是，任何对这个概念以地区变异性的所有重要方面下定义的企图，由于重要要素之间缺乏共同变异性而遭受失败。不管区域的定义如何，一个实际的区域划分迫使学者在权衡不同现象的重要性中作出主观的决定。为了使区域概念成为一个能够客观应用的锋利技术工具，就需要从总现实中将某些地区特性予以抽象化，即仅考虑个别要素或密切关联现象的初级统一体。这就需要把地区关联性的两种主要类型（地方上的相似性和差异性以及地方之间的现象相联系性）分别开来，而这两种类型，正像赫脱纳指出的，一个现实的区域系统应同时包括在内。

直到最近，区域概念主要作为同一性的地区——那就是，特性的近似一致性。在这个大项目之下，地理工作者找到了许多有些相似但又有差别的概念。一般说，同一性的区域至少具有三个不同逻辑的概念：①决定的基础是一个或几个独立因子还是两个或

---

① H.卡罗耳同样总结说：德文中“景观”这个术语，实际上用来描述“地理圈中一个任何有限的片段”（einen beliebig begrenzbaren Ausschnitt der Geosphäre）〔31：248；32：114〕，但很少其他德国地理工作者接受这个观点。

更多因子所表现的统一性上；②考虑每个具体区域用独一的术语还是用对任何相似区域都可应用的一般指标〔1：293〕；以及③作为整个研究地区或全世界划分系统的一部分，还是只考虑地区的某些部分而不顾其他部分。

在普通“气候区域”或“土壤区域”系统中，亦在“农业区域”或“制造业区域”的很大程度上，并不包含因子的统一性。这些只是一个或几个地区中独立变异着的因子在数量衡量上的描述性概括。由于可能组合的数目随着每一个独立变数的增加而作几何级数的增加，几乎不可能组合具有两个以上因素的一系列等级而不产生太多的区域数目。假如独立因素具有不同的相对重要性（一般情况就是如此），任何显然合乎逻辑的区域和亚区系统将与现实相矛盾〔1：320—24〕。

这种划分世界为区域的方法，由于不包含地区相互关联性，只是一种地方的分类，把每个地方都独立于其他地方来考虑。这是放在地图上的一个分类表，使我们能够同时近似地描述许多地方的一定要素之特性。因此，这是关于地方的一般概念，而非地区的特殊部分的概念。当然，当所有地方业经划分并在地图上标出时，亦似呈现了一套显著地区；但每个地区的范围和形状，取决于学者所选择的划分指标。

这一种划分系统，不管指标的正确程度以及决定地区界线的客观性，在逻辑上只是一种描述形式，反映了对什么变异程度是重要的这个问题主观的、甚至相当武断的决定。因此，人们曾建议：由于这种系统所产生的地区划分，不应该称为“区域”，而应简单地称为“某一类型的地区”〔1：312，392；34：69ff〕。

然而“某一类型的地区”这个术语亦是不正确的．它暗示一个地区之内的所有地方在某种方式上是“典型的”，因而地区显然是同一的。实际上，所决定的只是：在区域内的现象变异范围，恰与该现象在地球上整个变异范围的某一划分相符合。这并不能说：区域的每一部分与该区域其他部分的相似性，超过于它与其他区域各部分的相似性。例如，人们如果在北美洲东部划任何东西向的横贯线条，所得到的每一部分都可称为一个气候区域，其同一性并不亚于任何标准的划分（例如柯本的和桑怀特的）。

任何根据一个或几个独立要素而划分的区域系统只是表现分布的两个概括形式，与地理学的关系同于任何其他表现分布事实的形式。可以认为它是系统（部门）地理学的第一步，或是一个必要的准备，更逻辑地是相应系统科学的一部分。

当我们通过两个或更多因子的统一性而建立区域时，就较肯定地进入了地理学研究的领域。例如，我们根据某些气候特性、残余的土壤物质以及植被的相互关联性而认识到泰加区域；又如根据在具有轻霜和西欧文化地区的排水良好土壤的陡坡这一系列相互关系性，认识到梯田葡萄园地区。

在这个概念之下，区域成为过程关联性的逻辑概括的地区表现，因而是一个地区的解释性地理学的第一步。由于某些部分统一体类型在间隔遥远的地区重复出现，这个区域概念亦可一般地应用。但是，在世界大部分面积较大地区由于底土、相对位置或人类文化的不同，甚至这种部分统一亦有巨大变异。因而，根据两个或更多因子的统一性之区域划分，一般不能满意地适用于全世界。

近几十年来，许多学者企图主要或完全根据地方之间的相互联系性来建立区域概念。这在许多不同国家独立地发展。“大都市区域”这个以大都市中心为基础的特殊划分，早在1917年福赛特划分“英国的省区”时即已发展，其后迪金森和斯迈耳加以采用〔93：150—58〕。在美国，W. 章斯和 R. 普累特介绍了这个概念，但在意义上略作修改，强调了村镇周围地区在作用上的结构〔123：22f〕。这种“核心区”(nodal region)和较常见的“同样区”(uniform region)之间的差异，乌耳曼和惠特勒绥曾加解释，详见于后者在《美国地理学》一书关于“区域概念”一章中〔4：37—40〕。

同时，多位德国地理工作者在概念上发展了相似的对比[①]。早在 1923 年，西德里希清晰地阐释了这个对比，并概述了指标的差异[②]。更近，H. 卡罗耳就这个对比及其在研究上交互作用提供了一个特别清楚的说明，并分别了“形式的”(formal)和“作用的”(functional)区域〔31：255—61〕。

这些贡献的大部分，在 1953 年 G. W. S. 鲁宾森精悍的论文中予以讨论〔86〕。独立于这些著作，但部分根据赫脱纳较早著作以及《地理学性质》一书，德章对这两个形式之比较和关系提供了最彻底的讨论，他分别称之为“垂直的同一”(vertical unity)和“水平的同一”(horizontal unity)〔34：13—21〕[③]。

所有这些研究，虽则所用术语不同，并且没有一个术语可以完全令人满意，基本上都描述概念上的同一个对比。正如乌耳曼和菲布里克所指出的〔123；109a〕，必须有清楚的术语，因为两个概念用作探讨的有效工具，需要彼此间截然分别。所需表明的是近似

---

① 对这个发展，奥佛贝克提供了一个评论和书目〔40〕。

② M. 西德里希，《东阿尔卑斯山的景观单位和生存空间》，《彼德曼通报》，卷 69 (1923 年)，257 页。

③ 在德章的讨论中，差别是清晰可见的，但正像他自己所承认的，有可能陷于混乱，因为两个概念都关系到地区，所以“水平的”对两者都可适用。

一致性（对于某些现象）和组织的近似同一性（对于某些现象）之对比。就前者而论，正如乌耳曼指出的〔123：5〕，“同样的（uniform）区域”要求得太过分了；“同一的”（homogeneous）基本是对的，但显然易被误会[①]。

关于后者，《美国地理学》一书所用的“核心区”这个术语，强调了概念的一部分，但非其必要部分。更严重的是普累特的反对意见：这个术语暗示了静态的图景，而非该概念必要的动态〔112〕。假如我们能够接受“形式的”一词的直接意义，而不管英语中的普通含义，许多文字中所通用的“形式的”和“作用的”直接指出两个概念之间的对比。但是，它们只能用来“指出”（pointing），而不能用来“描述”（describing）这个对比。我们可以区分一个“牛乳区”和一个“牛肉区”，不论差异是否反映在具体形式上，但两者都是形式的区域。再则，一个形式的区域特性之所似同样性可以基础于所包含许多小单位的作用联系性——例如，每个农庄都和一个农村一样具有关系相似的一个农耕区域〔参考比较 48：7〕。在这个事例中，每个农村及其有关农庄形成了一个小面积的但严密组织的作用区域。同样，每一个这种作用地区由较小部分组成，每一较小部分或本身是一个形式单位——农村，或是一个形式单位之一部分——农耕谷地或一个覆被森林的坡地之一部分。

这些术语没有一个似是完全令人满意的。我认为最正确的是“同一的”和“作用上组成的”，但两者都在某种程度上有些笨拙。

① 在《美国地理学》一书中，这个术语对两个概念都加应用〔4：21，37〕，只是使“homogeneous”一词与“unity”一词同义——犹如人们说，一块钢锭和一块表都是同一的。（下面删去一段，因为 homogeneity，uniformity，unity，coherence 等词义上的讨论和分别，在我国文字中缺乏现实意义。——译者）

在这个讨论的余下部分，我将跟随卡罗耳及其他几位学者，采用"形式的"和"作用的"区域这个对比。

作用区域可以取决于一个要素，例如一个河流流域；但在大多数情况下，取决于相互关联的多种要素，例如通过运输线以及贸易媒介所统一而成的不同生产类型。在任何情况下，所包含的地区同一性是一个基础于不同地方的现象动力联系的现实。因而，作用区域并不是特性的描述概括，而是一个过程关联性理论的表达，是一个逻辑意义上的概括①。在这方面，它和基础于相互关联因子的形式区域相似。所不同之点，是它通过跨地区的相互联系性，来表达一个空间组成。

决定了一个地区是一个作用区域，学者就重建了一个现有的地区综合——当然局限于地区的一定要素。所以，在建立一个作用区域作为实体存在时，学者就对地区的地理情况完成了一个统一步骤。再则，视一个地区作为一个作用单位的程度，它组成了一个整体；因为它的同一性具有整个的结构，即比各部分之和还要多一点〔1：265，278—80；参考比较 34：93〕。每一个具体作用区域，有它自己的特殊面积、形状、构造以及内部运动的类型。在作为作用区域的方面（亦只有在那些方面），它代表现实的地区要素，而地理工作者加以发掘和分析。这一个事实使作用区域的概念有别于任何其他区域概念。

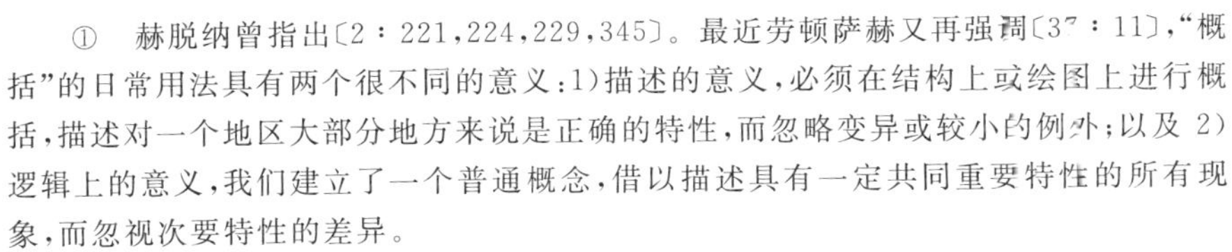

① 赫脱纳曾指出〔2：221，224，229，345〕。最近劳顿萨赫又再强调〔37：11〕，"概括"的日常用法具有两个很不同的意义：1）描述的意义，必须在结构上或绘图上进行概括，描述对一个地区大部分地方来说是正确的特性，而忽略变异或较小的例外；以及 2）逻辑上的意义，我们建立了一个普通概念，借以描述具有一定共同重要特性的所有现象，而忽视次要特性的差异。

通过农庄、城市、国家(在地区上的意义)、腹地或贸易地区等一般词汇,作用区域亦可划分一般类型。但在每种情况下,一般类型并不依赖于各地区到处可见的一定要素,而是根据地区的结构。

地方之间的相互联系,与地方的特性不同,并不是普遍性的,因而没有理由可以假定一个作用区域系统将包括研究中的所有任何地区。情况确属如此之处,例如现代交通和贸易发达地区,地区间作用组成的现实可用作用区域的叠置加以表示。如果为了绘图或研究的便利,将地区用鲜明的线条划分,就必须认识到这个划分是该地区地理现实的歪曲。

某级作用区域可以是高一级的、较大的作用区域的统一组成部分。在行政区划分中,当然具有地区的完整组织系统,从最低级的小行政区以至最高级的独立国家。菲布里克曾论证在美国北方内陆存在着一个多少相似的贸易和服务行业的完整区域系统〔109〕。但在形式区域,任何完整区域系统是虚构的:一个主要类型区、亚区以及副亚区的系统只是学者的想像,划分时所认为主要或次要的差异只是一种武断〔1:320—24〕。

我们对各种形式区域和作用区域的讨论,论证了在每种情况下,我们只能通过地区的变异综合体的一个有限部分来客观地进行地区划分。最简单的情况是,我们只应用一个或两个独立因子。形式的和作用的区域都可用几个统一因子来进行划分,但它们只代表部分统一体。换句话说,只有在部门研究,而不在区域研究,我们才能建立明确地而客观地划分的区域。再则经验表明:这样划分的区域在部门研究中,对决定有限数目因子之间的共同变异程度是最有用的。这是一个历史性的矛盾:我们企图建立区域的技术概念作为区域地理研究的工具,实际上却在部门研究中建立和应用这些概念。

因而，应该问我们自己：为了区域研究的目的所设计的工具，是否适合于部门研究。在区域研究中，必须划分所研究的地区，使每个地方归属于某一区域。所以不论形式的或作用的，我们企图建立一元的区域，把全部变异划分等级，从而使许多地方归属于一个区域，但它们实际上几乎同样可以归属于另一个区域。在探讨一般关联性中，为了研究因子共同变异的目的，我们如果建立同一性或一致性的类型，只将那些清晰地符合于这种指标的地方包括在相应区域之内，那么，我们可以预算得到远较清晰的结论。我们一旦在这些典型区域建立关联性的性质之后，就可以继续研究不符合明确类型之地区较困难的关联性问题而在部门研究中我们目前所用的区域方法之下，这些边缘的或过渡的地区混淆了典型地区的关联性。当这些难以划分地区并不单纯是两个类型的中间类型，而代表着两个或更多个类型的组合时，这就特别明显了——例如，一个脊和谷地区并不像许多丘陵地区是山地与平原的中间类型，而可能是典型的小平原和典型的山地之地区组合。

同样，在为地区研究所设计的地区划分中，我们时常企图按划分主导标志的每一个要素而获得种类或类型的单一系统。这一种系统必须基础于有关要素与地区其他多种要素之间的所有重要关联性。把这个目的带到部门研究中来，我们很早以来曾企图建立主要地区或全世界的气候区域或土壤区域等等典型系统。但我们知道：变异性（例如雨量）之重要性因不同要素而有很大差别，不论是野生植被、作物制度、人类生理，或海洋、空中航运。我们放弃区域典型系统的观点，而在每个部门研究中为所研究的特殊统一体建立特殊设计的类型，我们就可以预计得到较大的成果。

最后，还剩下这个问题：我们是否能够利用在很局部的统一体研究中所建立起来的形式区域和作用区域的概念，来建立一个在区域地理中适合于最复杂地区相互关联性研究的地区划分？只有假定任何地方的相互关联因子组成了单一的统一体，从一个地方到另一个地方作恒定的相互关联性而变异，并且假定不同地方之间所有因子相互联系性组成了位置上和范围上相符合的作用区域，在这一个客观基础上才是可能的。惠特勒绥委员会[1]在研究区域概念时〔4：44〕，清晰地认识到地区变异并不符合这个类型。作为一个妥协，使地理工作者所关心的地区内容之大部分有可能包括在内，委员会敦促采用“compage”这个新概念，它限于“在作用上与人类对地球之占有相关的所有自然的、生物的和社会的要素”〔4：45〕，如果我理解正确的话，“compage”因而是高度复杂而统一的因子复合体[2]。

但是，“人类对地球之占有”在任何地区都组成单一的整体吗？德章在批评《地理学性质》一书的某些结论时，正确地注意到：作为单一的整体，不能认为人类在起作用[3]；我们区分了“经济人”、“政治人”以及文化人或社会人。在这些不同领域中，他的态度和目的很可以彼此独立的，但通过这种态度，他在政治地理或社会地理之中，独立地产生经济存在和活动的地区变异〔34：3〕。实际上，甚

---

① 指《美国地理学》一书的编辑委员会。——译者

② 并未阐释：“人类对地球之占有”包括些什么，因而弄不清楚这是否将排除本书所发展的定义应包括在地理学之内的大部分或任何部分。本书对地理学的定义是：“作为人类之家的地壳变异特性”的研究。

③ 作者在这一点上同意德章的意见：任何根据文化因子复合体来建立单一世界区域划分的企图(正如该书所企图的)从一开始就不可能〔1：330〕。但应指出，在原结论中，就认识到这种企图的失败。

至在一个有限地区之内，人类经济生活的态度和目的不同，从而形成了地区变异部分地相互独立。

我们以前已指出：在区域研究实践中，必须交换地将总统一体划分为部分统一体的分片以及将地区划分为区域的分段。这样做时，我们可以利用多种根据一个或多个因子或因子复合体划分的形式区域，以及多种根据不同种类地方之间联系性划分的作用区域。这些划分，在某种程度上地区可以相符合，这表示较高级统一体的存在；在这个基础上，我们可以通过较高级的统一体，认识到整个地区的某有限部分是显著的核心区域。

然而，更常见的是不相符合。当一个地区变异因子作为形成因素密切与两个或更多因子的地区变异相关联时，第一个因素的变异性很少对每个其他因素具有相等效果。所以，在两个形式上具有显著同一性的核心地区之间，时常需要有一个宽阔的、不相符合的带，这代表显著复杂性的地区。

有些因子，例如气候因子，地区之间逐渐变异；而另一些因子，例如地貌因子，变异可以是逐渐的，亦可以是很急骤的。某些其他因子的形式，例如矿藏的或文化传统的，与气候或地貌之间很少符合之处。对所有依赖于空间联系性的要素而论，由于位置（距离）对不同要素的重要性相差悬殊，彼此间必然不相符合。最后，我们不能希望基础于同一性的区域与基础于作用组成的区域之间，具有符合性；实际上，某种程度上我们会得到它的反面，因为生产不同的地区，时常在贸易上趋于密切联系〔1：441f；34：85〕。

因此，当学者组合所有不同类型的形式区域和作用区域，从而产生单一的地区单位组织作为研究的骨架时，他就被迫在不能相互比较的类型[①]之间，作出了许多妥协。他必须把许多形式的和作用的区域（每个都代表某一特殊项目）之不同部分拼凑在一起，从而建立一个既非形式的，又非作用的地区划分。他所能肯定的只是每一个区域对某一项目而论都具有一定程度形式的，或作用的，或两者都有的同一性，对其他项目则缺乏形式的或作用的同一性。他进行了整个地区的划分，每个区域在不同的方式上或不同程度上多少可以作为一个独立的单位〔参考比较 34：57f〕。总之，对日常用语"区域"一词所表达的概念，他达到了可能达到的——就问题的复杂性以及需要将地区的所有部分都包括在某种划分之内而言。但并没有建立技术概念。

建立这些区域的判断上妥协，依赖于并且应该依赖于学者的观点以及他的特殊研究目的〔参考比较 52：25—53〕。它们只对他和他的研究有用；而这种区域骨架的建立，在他的研究中不论是如何有用并且是必要的一个步骤，本身仍不能视为一个对知识的贡献。

这样，我们发现职业地理工作者在几个不同的概念上应用了"区域"一词。特殊项目上同一的区域概念（形式区域）以及特殊方式上组成的地区概念（作用区域）都是部分统一体的概念——部门探讨。对区域研究中一个地区划分单位的概念，我们基本在它的

① 有些学者为了企图避免大部分问题，忽视了或假装忽视了包括人类在内的要素所组成的类型，并将地区划分为所谓自然区域。我们没有必要重复：这些只能是"根据对人类重要性而言的自然条件的区域"，因而他们的划分基本上包含同一个将不能相互比较的类型加以妥协的问题。而这个问题的解决，通常是略去较困难的，同时也是较重要的因子〔1：296—300；34：44—46〕。

原来的和普通的意义上应用了"区域"一词①。

与其他领域的比较

时常错误地假定：地理学在应用两个显然不同的组织形式上是独一无二的。我们以前已注意到与解剖学的很大相似性。在《地理学性质》一书中，用较长篇幅讨论了在天文学、人类历史学，特别是历史地质学上或多或少的相似情况〔1：408—13〕。植物学的大部分工作虽建立在"系统的"基础上，这并不意味着植物工作者不用区域探讨的方法。植物学研究如果较不关心于植物群系，而较多注意植物在地区上的相互关联性——植被，就很难与植物地理学分别开来②。

两个探讨方法之理论对比，在学者有组织地聚集而对全世界情况提供资料的政府部门研究工作中，具有最大的实践意义。有

① 在德国地理学中，对这一问题的讨论，占据了目前德国地理工作者方法论论文的大部分。德国用法提出了两个词：Land 和 Landschaft，两者多少与"区域"（region）相当，但后者在英语中还具有"景观"（landscape）的意味。德国地理工作者认识到至少四种区域概念：形式的和作用的区域，以及两者都再分一般的（类型）和特殊的区域。Landschaft 显然是大多数学者所喜爱的术语，许多德国地理工作者并同意：地理学的核心是研究 Landschaften。但是他们之间，很少取得一致意见：几个区域概念之中，究竟哪一个应该称之为 Landschaft？（参考比较劳顿萨赫、施米特纳、特罗耳、施米素散、卡罗耳、博伯克及乌利季等人的著作）。德国作者的讨论虽可启发我们的问题，但并不提供答案。"区域"或"景观"，既然所包含的几个概念的每一个在地理学中都是重要的，解决办法似乎并不在于将它们限于某一明确意义，而是认为它们都是很一般的概念，更明确的和技术的概念可用增加形容词的办法予以命名。

② 在植物工作者之间，植物种属的分布研究时常被称为"植物地理学"（plant geography），这就产生了一些词义上的混乱。在一般原则上，一个由几个词组成的名称，主要重点是名词（普通是后面的一个词），因而可以假定：任何标题以"地理学"一词作结束的主题，是地理学领域的一部分。

些学者坚持:这种工作必须按经济的、心理的、政治的和战略的问题而加以组织,而地区只具有次要意义;另一些学者则同样深信:唯一合理的划分基础是按主要地区和国家,从而获得在每个地区实际存在的所有因子的统一图景。战时,我服役在华盛顿的期间,卷入了这个争辩之中,我惊讶地看到:我关于这个理论问题的学术讨论,具有一个重要的实际应用价值。并不是我能够在这方面对政府机构的实际问题提供一个肯定的解答,而在于我能够奉劝相互争辩的同事们:双方都是对的,双方又都是不对的——对这个问题并没有简单的逻辑答案。所需要的是:一方面按区域组织,另一方面按部门组织,从而按每个特殊研究题目的需要,在不同程度上促成了这两个探讨方法的组合。

摘　　要

“系统的”或“普通的”地理学和“区域的”地理学这两个术语所表达的对比,并不是将地理学划分为两半;亦不是两个显著不同研究方法的对比,一个在某些研究中应用,另一个在另一些研究中应用。不管所研究地区的大小,我们是在分析一个在地区上作极其复杂方式变异着的极其复杂的现象统一体。为了把这个双重复杂性划分成为可以控制的方式,在任何地理学研究中有必要在某种程度上并且交互地应用两个不同的分析方法——统一体的分片分析及地区的分段分析。

我们通过部门划分,将在地方上相互关联的、并在地方之间相互联系的现象所组成的综合统一体划分为分片,每一分片都组成一个较不复杂而较为密切的统一体;我们又通过区域划分,将地区变异的复杂性划分为地区单位，每一单位包括所研究的统一体分片的较有限变异性，而具有较密切的地方之间现象联系性。部门划分的程度较大，区域划分的需要就愈小；并且，跟着部门分片的复杂性之递增，区域划分就必须愈形细致。地理研究并不分裂为两半，而是作一个递变的连续体，一端为最初级统一体的部门研究，另一端则为最完全统一体的区域研究。

部门统一体之划分为代表最密切统一体的分片，不能和系统科学的现象分类一样，取决于任何标准系统。一个区域划分的标准系统亦不能提供最小限度变异性之地区单位。每一种探讨方法必须首先通过另一种探讨方法进行地区的初步探讨，而这种方法上的交换在研究的不同阶段继续进行。

因此，两种探讨方法都应用了区域方法，即把所研究的整个地区划分为分段，每一分段在性质上或一贯性的组织上（或两者都有）具有最大程度的同一性。人们不论当时用的是部门的或区域的方法，他可以最有效地利用区域的不同概念。

在应用部门的探讨方法时，最有效的方式是通过地方现象的部分统一性（形式区域）或地方间现象的部分相互联系性（作用区域）而客观地划分的区域。在每种情况下，这种区域可以作为特殊区域或作为一般类型而加以研究。后者如果根据有限的术语（虽则这样一种系统不能适用于整个地区）而不根据所有地区都适用的种类而划分，用处最为巨大。

在应用区域的探讨方法时，必须以多种方式结合上述许多概念，并且修改指标使能适用于一个区域中所研究地区的每一个地方。这样建立起来的区域，在区域同一性的基础上变异，并在定义和划界上必然含有主观判断成分。因而，这个区域概念不能比区域的普通词义更明确化，它只表示一个在某种方式上与其他地区有差别的地区。在这个基础上的一个地区之区域划分，必须适应于某一特殊研究的目的，而不能假定它对地区任何其他研究都适合。

两个探讨方法的对比并不限于地理学，而在许多其他领域中作不同形式出现。最简单的是与解剖学之比较，解剖学中的人体分段相当于区域。情况可能更接近历史学，如果我们把历史学中的时期当作地理学中的区域之对照。

两个探讨方法的比较，导致了每个方法除分析个别事例外在建立一般概念和原理上的应用范围问题。这个问题在目前地理学思想中是头等重要的，留待下一章讨论。

第十章 地理学企图建立科学法则还是描述个别事例?

在当前地理工作者的思想之中,最令人困惑的问题似乎是:地理学是否“像其他科学”,能够发展“原理、法则和一般真理的知识”,从而进入科学之林,还是它的作用仅在描述无限数的、独一的地区?〔124;125〕

在地理学领域中的历史发展

地理学经常表现出对个别事例的巨大关心,这是文献中显然可见的经验事实。文献亦显示从最早的时候起,就关心于建立一般概念和普通原理。从18世纪以来,各分支的地理工作者在不同程度上,对发展这些概念和原理日益获得成功。

在这两个关心之中,哪一个代表地理学的最终目的?不同学者对这个问题在方法论上所提供的线索,还不如对他们的具体工作直接进行判断。

李戴尔在他理论性的论文上说:他所以关心于阐释特殊事例(die Besondere),是因为这些事例的巨大积累,使系统原理之建立有了可能〔22:75〕。但是,在他一生之中,却以大部分时间从事个别地区的研究,并为了那个目的,开展了许多一般部门研究,这一事实是他自己的理论的反面〔1:74〕。

洪保德似乎认为一般研究——普通原理的探索,从而引导到整个现实同一性的理解——比个别地区分析和解释具有较高的科学水平。然而,他的一般研究在当时虽然重要,到今天却很少价值,他企图作为自己学术峰顶的普通地理学(作为宇宙学的一部分)《宇宙》(Kosmos)一书,甚至在当时亦较少贡献;另一方面,他对自己考察过的特殊地区所作的研究,却具有不朽的价值〔1:82;129〕。

甚至对特殊现象的研究——例如山地的研究——地理工作者并不单纯关心不同类型的研究,而进行了个别事例的全面描述和最大限度的解释。在区域研究中,他们所关心的并不单纯为了一般概念而搜集原始资料,或仅是原理或法则的一个试验场地,而是分析每一地区的现象之特殊全面复杂性。

总之,世界所显然期待于地理学的,而地理工作者所应努力提供的,是同时对世界各地区的本身以及对作为一个整体的世界,进行现象以及组成地区之现象综合体的解释性描述。

许多地理学者因看到自己领域有这么多工作关系到个别事例的研究而感悲伤。把这个情况和许多其他科学领域作一对比,他们总结说:地理学欠缺科学性质,因为它的一大部分工作并不引导到科学法则的建立。

这种考虑远不是新鲜的,早在1880年瓦格纳对那些怀疑"地理学的科学性质"的讨论中就已表现出来了。瓦格纳写道:这些批评家错误地假定科学（Wissenschaft）①的目的就是发现法则。另一些学者则认为在对待个别事例方面，地理学与“历史学及语言学”部分相似。地理学是自然科学的一部分，它运用了科学法则，但这并不足以包括地理学的全部内容。这个讨论的大部分是我们所熟悉的。

在特殊地区的研究中，个别事例的重要性显得最为突出。在瓦格纳论述以后的70或80年之间，地理学文献中虽已增加了许多个别区域的研究，仍不足以建立任何区域的法则。有些作者劝告我们要有信心，这些独立研究的积累，到某种时候就有可能使某些地理工作者建立和表明区域的科学法则〔1：378—97，451〕。

如果这是区域研究的目的，就需要对区域的划分并对每一区域所包含的地区变异性复杂统一体之分析发展标准的方法。上一章关于这个问题的讨论，指出这一个方向的努力仅在部分统一体获得成功；当我们接近于现实所表现的统一体之全部复杂性时，任何系统都粉碎了。然而，我们继续用现象的近乎完全统一体描述，并尽可能理解地区变异性之现实。从实际情况判断，地理学显然关心于达到个别地区的最大限度了解，而不论是否能获得关于区域的科学法则。

这个情况地理学并不是独一的。50多年以前，温德班和李克特

① 地位很高的美国学者们，对德文“科学”（Wissenschaft）一词的用法感到惶惑不解，实际上，困难产生于最近时期我们对于“科学”（science）一词的特殊用法〔1：367〕。瓦格纳所谈论的1880年在德国思想界的进退两难之境（德文《地理年鉴》，卷8，页523—89），显然已由于保持Wissenschaft一词的原来意义，而拒绝探索法则的定义而获得解决。在这个国家（美国——译者），在自然科学家的控制之下，趋势是接受后一个定义，因而强行修改了我们“科学”一词的意义，使它从原来与Wissenschaft一词等同的意义，变为很难明确下定义的某种东西。

在考虑一般科学的哲学时，区分了大部分事例基本上作重复出现的研究（称之为"nomothetic"）以及个别事例的特殊研究（称之为"idiographic"）。为了便利理解，我们可以更简单地称之为一般研究与个别事例研究①。亦需要避免这些名词的创造者企图用这些概念来划分不同科学领域所带来的混乱。在各门科学之中，一般研究和特殊研究的相对重要性诚然是有显著差别的，但在几乎所有科学（数学例外）之中，两个研究方式都是重要的〔1∶379；37∶8f〕。

地理学是一门以较大精力花费于个别事例研究而不是建立科学法则的知识领域，这个事实50多年来是我们的批评者所念念不忘的。应该考虑一下：按照我们学科的性质，在什么程度上这是必然的结果。这是有益的，如果考虑一下：在各门科学中，什么条件有利于或不利于一般概念和原理的建立，另一方面，什么条件使个别事例最大限度知识的探讨成为肯定的需要。把这些一般情况和那些地理学的特殊情况作对比之后，我们就可以更好地了解在我们领域中，什么是可能的和需要的。

建立科学法则的困难

在所有科学分支中，建立高度可靠和有用的一般概念和科学法则之能力依赖于：①可以提供检查和分类的相同或基本相似事例之

① 按照字义，"nomothetic"这个术语指普通法则的探究，而"idiographic"指个别事例的精详研究。但我同意阿克曼的意见，任何一般概念，不论它是否导致科学法则，都应该视作个别事例的精详研究"idiographic"的对立面〔96〕。在翻译后一个术语时（注意不要与"象形的"〔ideographic〕相混淆），我发现："独一的事例"的研究虽说明了每个事例都是独一的，但可能产生"稀有"或"不寻常"等等误会。

数目；②在相互关联性中独立或半独立因素的复合体之相对单纯性；以及 ③解释所需要分析的因素在我们分析能力之外的程度。

1. 在大部分自然科学以及一些社会科学中，学者几乎可以获得无限数的同一现象之事例。更正确地说，对一个领域只能很松弛地加以概括。在天文学、地质学、经济学和人口学中，学者在有些方面可以找到巨大数量的相似事例，但在其他方面数目极其微小。

包括人类生理学在内的生物学任何分支的学者，由于生命起源的性质而拥有特殊的便利。一个给定种的所有标本，彼此间虽具有一定程度的差异，在广泛的基本特性上则几乎相同。但当生物学者企图解释一个特殊的演化时，他就卷入了独一性的问题；其他多少相似的种之演化研究，虽可提供线索，但并不提供等同事例——除了基本细胞过程由于最后起源相同而彼此相似。

这几个情况在很大不同程度上应用到地理学的不同方面。当我们在较低级水平上对待部分统一体时，我们可以找到许多几乎等同的事例。在植物地理学和农业地理学某些方面，我们亦具有对待生物种的标本之便利。但在研究农作物和家畜的关联性时，由于人类从同一种发展了并且继续发展着许多变种，问题就比一般想像的复杂。

然而，当我们研究地理学中比较复杂的统一体时，我们所找到的基本相似标本数目远较微少。同其他科学一样，我们把相似性大于变异性的事例划分为项目或类型，借以克服这个困难，但在这样划分的物体或现象中，每一个都包括许多独立的或半独立的因子，我们并没有在所有基本因子上相似的标本。它们只在我们所选择的特殊项目上相似，在其他方面可以显然差异，而研究结果可能表明后者并不是次要的。这是一个普通而严重的错误：假定一个“类型”的建立，保证了像一个种的许多标本之间那样的相似范围和程度〔1：325；37：6f〕。

所以我们面对着一个进退两难之境：为了研究足够数量的相似地区，就必须这样泛泛地划分类型，以致所包括的个别变异性超过了假定的同一性；如果为了避免这个危险，把类型足够地加以限制，又可能在每一个类型中只拥有一个标本。

2. 对待受相似法则所控制的少量独立变数，最易于建立一般关联性。在那些可以进行实验的领域中，使大多数因素保持常数而只让所选择的因素发生变异，较复杂的关联性得以解决。

在研究地理学中的现象统一体时，甚至仅限于自然现象，我们仍遭遇到高度复杂的情况，而我们必须没有控制地加以观察。洪保德在一个世纪以前讨论这个问题时，描述为何这些复杂统一体必须划分为较不复杂的部分统一体，其中每一个随着科学的进步，应预见到建立关联法则的较大能力。但在很复杂的因子群之间，他相信经常存在着裂口，而无法则可言〔14：65—68〕。

洪保德对复杂性问题的考虑集中于自然现象。我们如果考虑集体或个别人类的工作组成了重要因素的地理问题，复杂性就变得远较巨大〔参考比较 59：136ff〕。

当然，在一方面，社会科学的因子复杂性可以通过一个共同的社会传统概念，划分为有限类型的部分统一体，每一类型都包括了许多因子。但是术语所提供的相似性是很不全面的。与生物学分类的类、门、族、亚族、属、种相比，所有人类文化只代表一个种的许多变种——或最多是一个属的许多密切关联的种。通过观念的迁移和流传，不同文化在多种方式上相互混合，因而在不同地方经常存在着社会传统的重要差异，甚至在同一地方，不同集团和个人之间亦存在着重要差别。

3. 按照社会科学所研究的现象取决于许多人的集体行动之程度，有可能用一般特性、力量和反应来分析人文因素。没有疑问，这对地理学中的许多工作是正确的。给定美国北部内陆的自然条件，欧洲移民的文化背景，从印第安人那里获得的文化产物，以及有关时期世界的经济情况，我们感到有能力解释玉米带的特殊土地利用方式为什么和如何发展起来。我们可以同样解释芝加哥的发展，理由也是：如果实际上最初移殖该城市的一些人他去，另一些人没有问题会同样利用它在商业上的突出优点，并且没有疑问亦会取得成功。但是这种理由并不能解释一个印第安纳波利，一个慕尼黑或一个阿克龙[①]；它亦不足以解释阿纳波利—康瓦利谷地农业的不平常性质。

地理工作者普通趋向于把后一类事例当作例外，认为大部分地方的发展是许多人类重复反应的结果，个人特点消失于平均数之中〔参考比较 5：31〕。甚至这在地区一般发展是正确的话，我们必须认识到：研究愈详细、愈准确，个人的特殊决定和行动就愈显重要。甚至在比较总括的程度上，我们的传统忽视了个人可能对千千万万其他人的动机和行动发生影响，从而对大小地区的地理情况产生重大效果。如果 J. 凯撒没有在他的“凯撒式诞生”中幸存下来，或者 M. 路德在 22 岁那年就被雷所击毙[②]，今天的欧洲

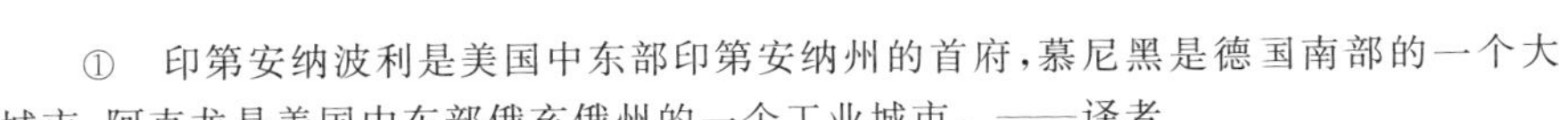

① 印第安纳波利是美国中东部印第安纳州的首府，慕尼黑是德国南部的一个大城市，阿克龙是美国中东部俄亥俄州的一个工业城市。——译者

② Julius Caesar(100B. C. —44 B. C.)是公元前 1 世纪罗马的独裁者，据传他在诞生时，采取了切开小腹和子宫的手术，以后就称这种生产为“凯撒式诞生”。Martin Luther(1483—1546)是 16 世纪德国的宗教革命领袖，22 岁那年曾遭雷击。——译者

面貌肯定会有不同。数以千计的较少人物曾影响了大小社会，从而在每个国家的地理情况上遗留了他们领导的痕迹，虽则甚至他们的名字亦已遗忘了①。

决定论的问题

在企图发展科学法则，从而解释社会科学所研究的现象(包括所有人文因素在内)之中，我们碰到了一个重大的争论着的理论困难和一个不成问题的实际困难。个人的行动在理论上能够取决于坚定的、不变的科学法则吗？果属如此，我们能够希望认识这些法则和决定因素到足以表明它们在特种事例中的作用吗？

我们没有问题都能同意赫脱纳的意见：科学不允许自由意志的概念来妨碍它企图尽可能决定人类行动的原因〔2：209，227；13〕。在大部分事例中，现代心理学解释人类对刺激物之反应日益增加的能力，使许多学者假定：个人的决定和行动最后可归结为科学决定性。甚至人类心理学的法则在肯定性和完全性方面达到猿猴生理学那样的程度，这样一个假设仍只相当于说：一个双曲线肯定会达到它的渐近线。实际上，人类心理学已建立的法则迄今只能解释人类决心和行动的一小部分——甚至这个渐近线还在我们的视野之外。所以，断言“科学”已经驳倒，或者可以希望驳倒，自由意志的某种程度可能性，就等于假装知道我们所不能知道的。

许多认识到科学并不能表明科学决定论假设的科学家，仍把

---

① 赫脱纳关于这个问题的讨论，《地理学中的法则和偶然》，认识到这个困难，但根据我的印象，他趋于低估它在数量上的重要性〔13：2—15〕。

它当作一个哲学信念，当作整个科学机制所依赖的基础，而加以坚持。因此，任何怀疑的暗示，或者任何自由意志的可能性之假定，必须作为非科学的而加以愤怒和轻蔑的攻击〔111：129f〕。

张伯伦在50年前讨论了这个问题，总结说：这样坚持决定论的科学家在原则上和行为上都是轻率的。他指出：科学的最基本概念是假定我们不但能够发现错误和表明真理，并且具有足够的“驾驭我们自己的意志力”，在真理和错误之间进行选择。决定论的假定就不允许我们有这种选择。关于赫胥黎对他的一个批评者所倾吐的词句华丽之愤怒时，张伯伦写道：“如果决定论是正确的，我看不出赫胥黎的批评者会因一些词句的攻击而改变他原来所写的，而赫胥黎的愤怒，亦不比克克斯[①]鞭责风浪滔天的海累斯蓬海峡更来得合适”。

目前物理工作者既然学会了安于个别电子行动的最后不可解释性和不肯定性[②]，心理工作者和社会科学工作者——在他们的工作中，甚至从来未近似于绝对肯定性——就没有必要为他们工作中基本假设的一个次要属性（就数量言）而感到惊慌。正如蒙提菲尔和威廉斯所说的：“人们没有理由不能在二者取一之中或在一个足够条件的绝对必要部分之中（在任何情况下都包括人类）包含

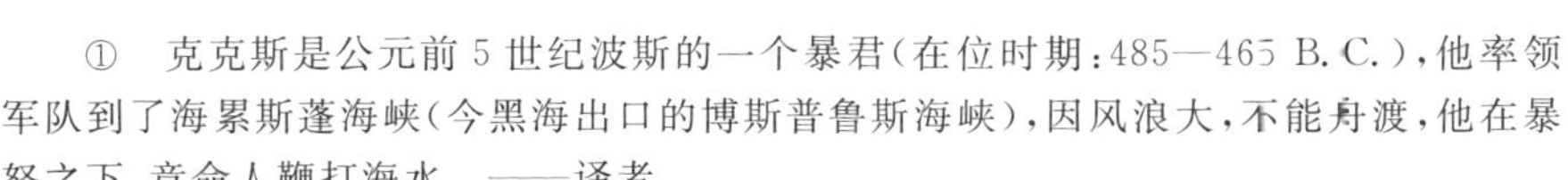

①　克克斯是公元前5世纪波斯的一个暴君（在位时期：485—465 B.C.），他率领军队到了海累斯蓬海峡（今黑海出口的博斯普鲁斯海峡），因风浪大，不能舟渡，他在暴怒之下，竟命人鞭打海水。——译者

②　就我所知，我们这些科学概念发展的重要性甚至在1935年还没有进入赫脱纳关于决定论问题的思考中〔13〕。利曼在1937年《因果关系的瓦解和地理学》一文中对它进行有力的讨论〔1：310〕，较近又由哲学家蒙提菲尔和地理学家威廉斯加以探讨〔84〕。大部分地理工作者没有问题可以较不困难地从E.章斯的较简単阐述中获得了解。

一个‘选择的自由行动’”〔84：10〕。这样所接受的不肯定程度，远较我们目前之不能决定个人行动的所有原因为少。我们经常以较大的不肯定性收尾，不论我们将部分原因归诸“自由意志”，或完全归诸我们对控制一般人类行为或特殊事例的欠缺，我们的解释并不更完全或更不完全。

人们不论在理论问题上采取什么立场，实际问题仍然存在。正如普累特提醒我们的，接受了科学决定论的理论并不使科学家更接近他的目的；经常有一个非他所能到达的临界地区〔111：127—29〕。因此，为了用科学的因果法则来全面地解释任何个人的一个决定，我们就需要知道他的生物遗传的所有因素以及从婴年以来所有形成他的个性的影响——这不是我们所能希望取得的。再则，假如有关因素的必要资料有可能，我们并已建立科学法则来解释这些因素的相互关联性，但是，我们将采用什么办法来统一这些包含许多不能比较因素的多种多样法则？最后，假如两个不可能的困难都克服了，从而能将所有因素归纳成共同的衡量，并用数学形式来表示综合体，但那个公式将是这样复杂，以至不是一般人所能解答的①。

50年以前，当时物理学家一般都接受决定论，地质学家张伯伦就宣告它是一个形而上学的假定，只有在它能够“变成一个可用的形式，实行了它的所有要求，并在每一步骤上符合于原来的假定”时，才可视为科学的假设。如果这个做不到（正如他所怀疑的），“让它和任何其他不能用的假设一样，加以抛弃吧。不管形而

① 应该指出：最后一项考虑，正如《地理学性质》一书中已阐述的〔1：433〕得之于哲学家C.哈特向。

上学者对一个不能用的计划如何看法，科学探讨者同样可把它掷入杂货铺中”〔6：483，486〕。由于这个假设在今天比张伯伦写述时更显得不能用，我们同意蒙提菲尔和威廉斯的意见：决定论对自由意志之争，与地理学并无实际关系〔84：11〕；它是一个哲学信念问题，在科学讨论中并没有它的地位〔1：310〕。

我们必须下的实际结论是：不论由于某种程度的自由意志是一个现实，或者由于我们永不能希望完全知道决定个人决心的因素和过程，在社会科学的任何研究中都经常存在一个非科学法则所能解释的死角。用科学原理来解释人文地理的任何问题，都将在必须解释某些人的动机和决心的一点上不克完成使命。许多对人类重要的现象，由于基本因素不可避免地逸出我们知识领域之外，永不能用前因加以全面解释。甚至在自然地理，对那些部分由人类活动所产生的现象，结论同样是正确的。

特定事例研究的需要

在诸科学领域之间，并在任何一个领域之内，最大差异性之一就是对个别事例所需要达到最大限度知识的程度。在 19 世纪发展基础科学之际，这个问题并未产生。所发现的控制某一种分子或原子粒（力）之运动法则，被认为同样控制着物质的每一个初级形式。甚至在今天，仍认为化学法则是在许多电子总行为基础上的或然率之统计表现（任何一个电子的实际行动并不能决定），除了原子核科学家以外，大部分化学家仍可泰然继续他们的研究，而不必为个别事例的不规则变异而操心。同样，在生物学的大部分领域中，种的个别变异可因重要性微小而予忽视，但是遗传学家却时常重视突变的个别事例。总之，正如阿利克斯所说的，“唯一真正的决定论，是统计上的决定论”〔49：301〕。

这种决定论的有限形式，以很高程度的或然率说明了现象，但它只在关于巨大数量的个别事例之总和时才是胜任的。在科学的许多方面，认识和了解个别事例是重要的。最可靠的死亡率统计表并不能答复这个古老问题：“我还能活多久？”

不论在自然科学或社会科学的某些领域中，如果仅限于一般研究，就会把它们现有内容的大部分排除出外。就天文学而论，这是一个“科学”特性不成问题的领域。但是，在我们太阳系中，以及在其他太阳系中拥有无数月球的事实，并不减少人类对在我们自己的天空中占有这样一个重要地位的月亮进行进一步探讨的愿望，虽则天文学家对它已有了大量的认识——从这句话写下来以后，它又突然对我们全体具有巨大实际意义的可能性[①]。在地质学或政治学等领域中，所给予特定事例研究的重要性过去曾加讨论〔1：380f〕，这里只要提一提就是了。同样，个别事例在历史研究中的重要性，没有需要再加论列。

地理学中一般的和特定的研究之需要

地理学是一门认识和了解个别事例的知识领域，这直接从它作为地方研究的作用而来。地方的概念，和个人或事件相似，基本上是一个特定概念。在上一章，我们已看到关于地方的个性对地理学的目的是基本的。但是，我们不能知道，如果知道的话亦不能

① 指人造卫星的上天以及人类已经有了在月球上着陆的可能。——译者

理解,世界上所有地方的无限变异性。为了知道和理解许多地方和整个世界,我们必须同时进行一般的和特定的研究。

地理学关心于理解无限数地方的变异性和相互关联性,而每个地方都由几乎无限数相互关联的因子的复合体所组成,这个事实就迫使地理学必须建立一般概念和原理。将大量个别要素精简成为一个有组织的类型系统之结果,主要便利是大大地节省了时间和精力。用一个简单的名词或成语来表示一个类型,我们就能够给予任何一个或许多个别标本以部分的描述。其次,不同要素的一般类型在地区分布的比较,可以揭露共轭性的形式,提出相互关联的假设,进行过程关联性的研究,从而建立原理、一般原则或法则。或者反过来,由演绎或从一两个事例研究发展起来的关联性之假设,可以通过地区类型的比较加以校正。作为业经证明的原理或法则而建立起来的"普通概念",提供了唯一的途径,使一个特定事例的关联性之解释比一个聪明博学的推测具有更大的可靠性。

任何普通原理对一个特殊事例的应用,依赖于一般概念,后者只近似地符合于特殊事例。最大限度正确性之达到,需要决定特殊情况偏离于每个一般概念所代表的"标准"之程度以及在过程关联中那些次要差异性所产生的结果。

所以,甚至在单纯依赖于本地(in situ)因子关联性的要素的部门研究中,个别要素的全面理解最后需要对它的独一性进行分析。在许多事例中,可能并不需要这种完全的详细知识,但世界上亦有许多地方,是我们想知道每个地方的特点的。

正如我们以前注意到的,在分析主要依赖于与其他地方要素之联系性的地区要素时,问题就显得特别困难。假如这种联系性包括有限的因子以及有限的其他地方——例如在一个依赖于少数特定地区以供给原料动力和市场的工厂——我们可能衡量并组合所包含的关联性(虽则并不是没有相当大的误差),并在这个基础上建立某种类型。这种研究至少在理论上接近于天文工作者的单纯性——由彼此远离的天体所占的而由重力相联系的空间。在某种程度上,这个简单的型式亦接近于核心原理的应用。然而,在地理学中更常见的,我们必须与几乎无限数的其他地方相联系来考虑位置,并以不同难易的海陆交通线之复杂组合来衡量不同种类的联系。

历史学在时间的关联性上遇到相似的困难。没有一个时间与任何前一时期相似,这不但由于所包含的习惯、技术和制度不同,更经常由于较后时期的社会传统包括了历史学者可能与之比较的任何较早时期所产生的结果在内。

地理学最后的目的,当然是地球上地区变异的最大复杂性之研究。假如我们只考虑小地方,任意地或用某种选典型方法加以选择,每个地方的复杂性是这样繁多,它包含了这样多的半独立因子,我们不能希望找到足以组成一般类型的全面相似性。反过来应用这个结论,我们必须认识到:不论我们如何“选典型”,在大部分事例中我们的小地方并不是较大地区的真正样品。

因此,为了包括整个世界,我们以多方面具有特色的地方片段作为单位地区——一般意义的“区域”(参看第九章)。这些区域既不像天体那样彼此远离,甚至亦不像彼此显然不同的综合体,而只是虹的颜色一样地彼此逐渐过渡。因为,在它们的任何一个之中,所包含的重要要素与邻近一个单纯地区的综合体之相互关联,比之与本地区可能还要紧密一些。换言之,这些单位地区既非目标又非现象，而只是学者意识上的创造。所以，基础于它们的任何分类系统和假设并不根据现实，而是根据学者的认识。所能产生的，最多只是地理工作者对地球上地区的想法——结论没有问题对地理工作者是有兴趣的，但几乎并不对任何他人具有意义〔1：391—96，440—46，467〕。

一般概念和原理在地理学中的应用

地理学研究目的不论是企图理解个别地区的最大限度统一体或是一般地考虑世界各地区的部分统一体，我们对现象相互关联性之分析和解释都需要应用一般概念。所以，正如赫脱纳 50 多年以前所说的，地理学的科学进展依赖于一般概念的发展以及一般关联性原理的建立和应用〔11：618；2：223〕①。

阿克曼 1957 年向哈佛大学提出的一篇关于地理学基础研究的论文中，澄清了这个原理，在一个像是故意的低估中，他提到“普遍性的接触经常是基础研究的特点”。我们可以用比较明确的形式来重述这个原理。基础研究的目的是提供“基石”，使进一步进展成为可能，个别地区研究在主要程度上是终极产物，不管它们本身是如何重大或需要，它们普通不提供其他地区研究的基础，只有在得以建立一般概念和普通原理的普遍性探讨中，我们才进行了基础研究〔96：17ff〕。

一般概念和关联性原理并不是科学的新发明。在我们的语言

① 这个结论在《地理学性质》一书中再三加以强调〔1：383—91、396、431、446f、458〕，乔利表示了相似的看法〔52：52，57ff〕。

中，许多名词表述了一般概念，而一般人的思想中包含了许多现象之间的关联性理论。这对研究我们周围世界的明显事物之地理学来得特别正确。把这种思想提高到科学认识的水平，就需要建立一般概念，以最大程度的客观性和正确性加以应用，并以最大程度的肯定性来决定现象的相互关系。如果现象能全面地和正确地予以数量叙述，并能通过数学逻辑加以统计比较，两个目的就最好地完成了。

关于这些在不同程度上可以应用于所有科学领域的普遍原理，在地理学中，相互关系研究之统计方法的应用不可过分乐观。当然，统计方法早已应用在气候情况、作物和牲畜生产以及贸易的描述上，但是只要这种方法局限于各项现象而不应用于不同现象的相互关联性研究上，对地理学进展就一无用处。近10年以来，许多地理工作者着手解决将统计方法应用于相互关联性研究的问题，所产生的效果将很能提高地理工作的科学性。

这里并不是详细地评论或判断这些发展的地方，但可以对一个进展唤起特别注意。在大部分其他领域，统计方法可以满意地用于以时间为基础的线性量度上；在地理学，我们基本上探讨包括两个量度的地区变异。这种困难似可由“统计表面”(statistical surfaces)的概念以及特殊设计的使这种表面可用一根直线进行衡量的方法加以克服①。

在任何领域中新的和有价值的方法之引入，常会使有些热心

① 最近地理学中应用这种技术进行研究的参考书目，见于A. H. 鲁宾森和R. 布鲁生的《数量描述地理分布关联性的一个方法》，美国地理工作者协会会刊，47卷(1947年)，379—91页；以及H. H. 麦克卡尔蒂、J. C. 胡克和D. S. 克努斯的《工业地理中组合的衡量》，爱渥华大学，1956年，20—53页。

人宣告说:此后所有工作必须遵循这些方法,而任何不能用这些方法进行分析的工作都是不值得研究的。例如在社会学中的这种要求,导致了持久的并且常是尖刻的争论,对旁观者论,大部分似是不必要的。在一个领域中①,其研究现象范围可以从甘蓝到帝王,从雨量到宗教,如果断言所有值得研究的可以全面地和正确地用数量加以描述,或者反过来,任何能以数量描述的现象或地区变异性值得在地理学进行研究,这就显得荒唐了。

地理学中共轭性的统计研究,迄今至少限于统一体的第一阶段,即两个变数之间的相互关联性。我们已看到,当我们企图将多项因素的所有复杂关联性归纳成一个统一的科学法则系统时,一般方法就遇到巨大困难。然而地理学将尽一切可能不放弃它理解相互关联的地方复杂现象之目的,正如洪保德总结的:“即令全部目的是达不到的,问题的部分解决,向理解世界现象的努力,仍是所有研究最高的和不朽的目的”〔14:68〕。

为了这个目的,地理学必须尽可能发展和利用一般原理。当这个方法由于所研究的要素的复杂性而告失败时,仍可通过它在时间上发展的研究来决定它的组成分片——一般研究形式之一——我们就至少可找到若干孤立分片的组成能以业经建立的一般原理来解释。在其他事例中,我们可以比较几个在特定方面相似而在其他方面相异的地区情况,从而得到某种程度的了解——比较区域地理的方法〔1:447f〕。

甚至一个地区的研究,可提出某些假设以供其他地区应用。为了这个目的,特别有用的是一个在大部分要素上相当一致而在

① 指地理学。——译者

某些其他要素上具有显著变异的地区；在这里，现实已对许多变数加以控制，从而对少数在地区内强烈变异的变数之间的关联性，可以进行一种实验式的研究。

用这些技术，有经验的和富于想像力的学者，得以洞察所包含的关联性。这种洞察力与庄严地披上“科学法则”称呼的或然率之间，在程度上容有差别，在性质上初无二致。

一般的和独一的在地理学不同方面之相对重要性

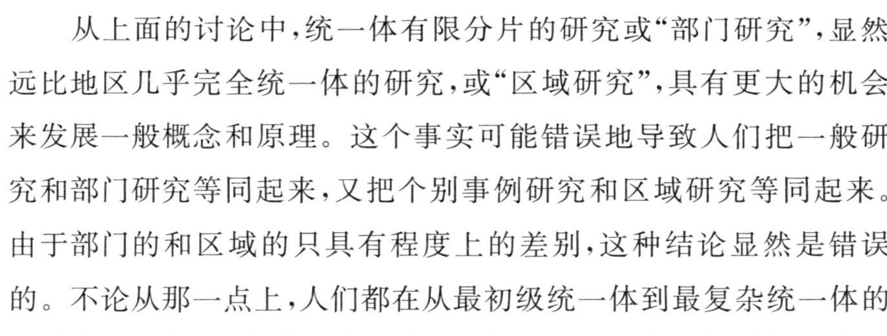

从上面的讨论中，统一体有限分片的研究或“部门研究”，显然远比地区几乎完全统一体的研究，或“区域研究”，具有更大的机会来发展一般概念和原理。这个事实可能错误地导致人们把一般研究和部门研究等同起来，又把个别事例研究和区域研究等同起来。由于部门的和区域的只具有程度上的差别，这种结论显然是错误的。不论从那一点上，人们都在从最初级统一体到最复杂统一体的连续体中工作，学者或多或少地同时关系到一般的和个别的成果。

在寻找最接近于真理的阐释中，地理学发展了部分统一体相互关联性的假设（例如从部门研究来衡量现象的地区共轭性），它们经过过程关联性研究的考验之后，可能作为一般原理而建立起来。于是它们可用作分析较复杂的地区统一体之手段。但是，当我们接近地区总体所包含的统一体最大限度复杂性时，我们就牵涉到许多不能比较的相互关联性原理。通过特殊复合体发展的一般研究，或者通过少数性质相似地区的比较研究，我们提出可能的假设，但是对个别事例所包含的复杂性之描述，只能是一个单独研究的主题,这是一般原理超过某一点之外所永远不能达到的。

不论研究什么程度的统一体——从部门的到区域的——学者应该从开始就想到他的主要目的是发展一般结论或是探讨个别事例。所选择的个别事例如果多少可以代表许多相似地区,对它们的研究就具有超出该研究地区范围的价值〔1∶452—56〕。或者一位学者希望试验和表明特殊的区域分析方法,为了那个目的,以按要素的特殊组合选择一个地区较为有利,而不管它在世界上的重要性。然而,如果最后目的只是对个别事例提供最大限度的知识,准备花宝贵的研究时间和选择出版的地区,就要看该特殊地区在世界上无限数地区中的有利于人类或需要知道的程度。

地理学既然同时需要一般研究和个别事例研究——一部分nomothetic,一部分 idiographic——企图衡量两个研究类型的相对分量就很少有意义了。我们可以强调发展一般研究的需要,作为更高深的一般研究和个别事例研究的必要手段,但这并不削减后者作为达到地理学最终目的(即对我们所生活的世界之知识和了解)之基本方法的重要性。每一位学者都可按自己的兴趣对研究类型有所偏重,而不会与此处所表达的观点相冲突[①]。

预言在地理学中的地位

在一般研究所建立起来的关联性原理之基础上,或从一般的

① 《地理学性质》一书的许多批评者,对该书与此相似的观点讨论得出了错误的结论。他们企图从少数字句或比喻中判断对两个研究类型的偏重程度,有几位甚至断言:从该书来看,地理学基本是个别事例研究(idiographic),虽则在该书的讨论中,再三重复相反的意见〔1∶383—86,396,446,466〕。

或比较的研究上加以推论，地理工作者可以对规划工作提供适当的建议和科学依据。正如鲍曼指出的，他们肯定能够对可能获得结果的范围加以限定；他们也可能对趋势的延续提供更大的肯定性，而不仅限于趋势单纯存在的事实①。

在许多事例中，地理工作者亦可能对所包含的关联性拥有足够的知识，从而可进行较肯定的"预言"②。但是，如果说我们对将来发展的预见根据"科学法则"这个术语所包含的全部因果关系之知识，就是浮夸的，这与我们已知的问题之复杂性和个性相矛盾〔1∶385，431—34；111∶128〕。

这个结论意味着地理学和所有其他科学不同吗？任何科学分支的成功程度（至少在群众心理上）虽常以其预言的可靠性来衡量，但预言并不是科学的目的。它是科学的企图认识部分，并是最薄弱的环节，因为它企图认识迄今未能进行观测的东西。所以它经常得假定：所有现有因素都业经精密考虑，将不再行改变，并无新因素增加，而这些只有在事件发生之后才可能予以证实〔84∶5—9〕。我们可以肯定：在任何包含人的因素在内的情况下，这样一个假定是很不可靠的。

科学的预言，不能看成是一种可通过试验和失败而获得的技巧，预言的能力亦不因企图预言而获得，它是我们对业经观测事物的科学知识之高度完整性和肯定性的副产品。这是一个科学原

① 鲍曼对地理学预言能力的阐述显然与《地理学性质》一书相似，这很可能是我在这个例子中忘了注明出处的原因〔1∶431—34，参考比较 5∶17，32，186f，198〕。

② 《地理学性质》一书关于这个题目的讨论中，所指"预言"意味着一个很高程度的肯定性〔1∶433〕。这个限制似与该书对科学的看法不一致，并与一般用法不同；任何根据科学程序的预测是一个"科学的预言"，可靠性如果大于幸遇，就有用处。

则:我们不但应该努力获得这种最高程度的知识,还要估价一下我们已达到的程度——那就是,我们应该知道我们所不知道的。所以,我们可以在科学预言中把这作为一个基本规则:任何对将来情况的预测应该认识到它包含不肯定的和不可靠的因素。这个规则甚至要求我们承认:根据很不完全的和不肯定的"科学知识"之预言,可能比有经验人的"驼背"还更缺乏指导意义。

另一方面,地理工作者作为社会的一分子有义务使他的知识对社会有用,由于他的职业知识使他能比其余的人提供较可靠的预言时,他就应该提出来。正好高夏克曾谈到的一个历史学之相似情况①,他这样做时,并不超出自己的领域,而是在地理学领域之内下一个试验性的结论。

和其他领域的比较

在本章全部篇幅中,再三提到可与其他科学相比较的情况。对每一个其他科学所下的结论,依赖于它的主题的内在特性。不论自然科学或社会科学,都有许多领域在某些方面与地理学相似〔1∶408—13〕。

最相近似的在于地理学和历史学之间。但必须注意到一个重要的差异:由于任何一个时期地理研究所依赖于地球上自然情况差异的程度,远远超过任何一个国家历史研究所依赖于时间上自然情况变迁的程度,地理学因此远较注意自然情况,而有史时期的

① L.高夏克,《历史学者在概括中的作用》;《社会科学的现状》,L.D.怀特主编,芝加哥大学,1956年,436—50页。

历史学则大部分限于人文现象。结果是：地理学的某些分支比相应的历史学研究能在远较巨大的程度上发展了科学原则〔1：384〕。根据安特生的报道，克虏伯竟认为历史事实的独一性是如此地强烈，以致历史的探讨不可能获得“法则”或普通理论〔97：133〕。另一方面，高夏克在上面引述过的一篇论文中指出：历史学者在解释人类历史的复杂现象中，经常依赖于一般概念和关联性原则。

地理学是什么性质的科学？

本书所得到的关于地理学性质的结论，可能使有些人感到苦恼，他们正像 D. 林敦所说的，恐惧着“某些严酷的清算，可能发觉地理学并不在科学之列”〔78：9〕。一些法国地理工作者追随博利季之后，问道：“地理学是一种科学吗？”并得到了不愉快的答案：是和不是——一部分是的，另一部分不是的〔50；51：320f，57：13〕。I. 鲍曼在大约 20 年以前，下了同样的结论。他接受了一个传统的、有限的“科学”概念，总结说：地理学是，并且只能希望是，部分“科学”的〔5：21，31，224〕。更老一辈的 T. C. 张伯伦，对整个地学，包括他自己的地质学在内，曾下了相似的结论〔6：477〕。

所有这些作者的结论，至少一部分基于地理学作为一门“精密科学”应能发展科学法则或表现预言能力等等的想法，这是以成果而不是以性质来为科学下定义。假使我们把“科学”不当作消极意义的，多少已建立起来，但经常需要修正的“认识”，而从它的积极意义“企图认识”来看，它就通过它所用的企图建立现实知识的方法而有别于其他“认识”方式。

完成这个目的最重要的方法之一无疑是科学法则的建立和应用。但是像某些人那样断然以科学法则的形成作为科学的终极目的,是混淆了手段和目的,赫脱纳指出这个“格言”的持色是它显然坚持中古学院式的实在论〔2：22〕。它的最后意图是阐明一个假设,但这个假设在阐明以前就已被看作一项信念:包括人类的决心和行动在内的所有现象,最后都可用不偏不倚之法则加以解释。正如我们以前在讨论决定论时所已发现的,这不是科学中可用的假设,而是不能证明的哲学假设,把这个假设的阐明作为科学之目的,就使所有的科学变成哲学的仆人〔1：378f〕。

上述学者没有一个曾对科学表示了这种歪曲的看法,但是,他们在承认科学之目的在于企图尽最大可能的可靠性来认识和了解宇宙之后,却假定一般法则的建立和应用非但是完成这个目的之最重要手段,并且是科学工作所必不可缺的(sine quanon)。对这样一个“科学”术语的限制性定义,我看不出逻辑上的反对意见,并且如果它一般可应用于所谓科学的大部分领域,地理工作者不能要求修改定义以便容忍自己的领域在内。同样,他们不能使地理学成为一门科学而不排斥一大部分目前包括在领域之内的资料。我们将被迫安于鲍曼的地理学只是部分科学的结论,不论它怎样增加科学内容,鲍曼所认为很重要的其他部分将不可能下定义,并排斥在科学之外〔5：31f,224ff〕。

同样的结论在不同程度上可应用于每一门科学。19世纪科学工作者曾有信心地期望所有现实知识即将组织而为一般法则,但迄今没有一个领域已把它的所有发现都归纳成法则,目前亦不能期望这将有可能。因而,正如鲍曼所承认的,他的结论不但有必要应用于所有的社会科学,并且可应用于自然科学的某些方面,包括天文学和核子物理的主要部分在内。每个自称为“科学”的领域，因而将区分为科学部分和非科学部分。在每个领域中，称之为非科学部分的将没有肯定的定义，没有规则或研究标准，足以使它有别于直觉、常识、艺术透视或个人判断等等认识形式。

我们如果接受安特生所引用的J.斯普勒的结论：“在科学的语言中并没有‘科学’一词的适当地位，并应该作为‘一个使松弛的讨论获得权威的魔棒’而加以避免”〔97：132〕，我们就可远较自由地决定地理学性质是“认识”(knowing)的一个领域。在企图建立现实的可靠知识之中，地理学和其他领域的共同基本特性又是什么？

地理学企图：①在尽可能独立于观测者的实验观测之基础上，用最大正确性和肯定性来描述现象；②在这个基础上，尽现实可能，用一般概念或普遍性将现象加以分类；③合理考虑这样取得的事实，并通过分析和综合的逻辑过程(包括一般原理或一般关联性法则的尽可能建立和应用)，达到现象的特殊相互关联性之最大理解；④把这些发现排列成有次序的系统，从而使已知的直接引导到未知的边缘〔1：374—78〕[①]。

这些阐述描述了一个“认识”的形式，它不同于我们通过本能、直觉、先验演绎或启示等方式所“认识”的。这个描述包括我们普通称之为“科学”的所有部分在内，对于后者，我们缺乏其他术语令其有别于其他“认识”形式。如果我们能以这个描述作为那个术语的实验定义，我们能以远较有用的问题“地理学是什么性质的科

---

① 《地理学性质》一书中相似的阐述，根据M.科亨、F.伯里、V.克腊夫特、A.L.克虏伯等科学家以及许多地理工作者的著作。由于与自己的概念不符而反对应用“科学”这个术语的批评者们，似乎忽视了这个讨论。

学？”来代替“地理学是科学吗？”这个问题。

地理学是这样一门领域，它的主题包括了最大复杂性的现象，同时又比大部分其他领域更关心于个别事例的研究——关于世界的无限数地方以及世界本身的独一事例。由于这两个原因，地理学比大部分其他领域对发展和应用科学法则的能力较差，然而它和每一个其他领域一样，尽可能发展科学法则。

我们可以同样方式考虑一个本书很早就提出的问题：地理学是否主要为“单纯描述”而描述，还是企图进行解释？

在19世纪大部分时期，科学家假定可能建立绝对肯定的因果关联性。但在今天，甚至在最严密的科学中我们认识到：我们永不能完全解释任何现象的最初原因。我们所能达到的，最多只是尽可能完全的和肯定的对关联性进行描述〔参考比较〔11：131〕。

所以，我可以恰当地说：在科学过程的所有阶段中，学者的作用是“描述”——不论他是描述一个用眼睛看到的或用某种机械衡量到的现象，或是描述一个在想像中建立起来的因子相互关联性的过程。我们开始于“观测”：时常被假定为唯一“描述”方法之感性描述。我们进而“分析”：观测到的相互关联的几个部分之描述。其次，我们阐述许多因子和许多过程之间的关联性之假设。这如果是健全的，我们就到达较高的认识水平：因子及其相互关联性的“认识的描述”（cognitive description）[①]。

地理学研究对象——我们所居住的地球表壳之变异特性——具有使我们对大部分要素比较容易进行直接或间接观测的内在性

① 本段大部分思想，应该感谢斯德哥尔摩的威廉—欧耳桑教授，他好意地校读了本节的原稿，并提出很有用的指正。

质，这些要素相互关联的地区变异，组成了地区的总变异性。但是，决定它们如何彼此关联，并不是容易的，在许多情况下更是不可能的。可是，在我们知道那个关联性以前，没有清楚的客观衡量标准来决定，在总统一体的描述中应对每个作不同变异的要素给予什么分量，而对总统一体是永不可能全部加以描述的。

另一个不可能是在于描述整个地球总统一体的变异性。当我们把无限数的不同地方缩减而为有限数的各具一定特征的区域时，我们就碰到在每个单位区域中的每个地区差异应给予什么分量的问题。在所有这些不可能具有客观衡量标准的事例中，最大理解的达到将依赖于学者的判断和技巧。地理学的有效描述因此包含了不少艺术成分，后者并不是主观印象的意义，而是在可知的那些关联性知识之基础上辨别和洞察的客观意义。

我们如果这样理解“科学描述”这一术语：它同时包括已知的以及可推理的现象以及现象的过程关联性和组合；我们就可以再一次修改地理学定义为：企图对作为人类世界的地球提供科学描述的研究。

第十一章　地理学在科学分类中的地位

赫脱纳在1905年阐述他关于地理学在科学中的地位的假设时，并没有为地理学的性质和范围提出新的定义。他坚持10年以前他在地理杂志（德文）第一号首篇论文中所发表的意见：“地理学研究地球表面差异性”或者“地理学按照总特性研究地球表面的不同地区”（这个观点，大多数德国地理工作者得之于李希霍芬）。在那首篇论文中，他亦简单地提到：“鉴于极其多种多样的巨大数目的事实组成了地理学研究的资料，许多人曾怀疑把它们组成一门科学的可能性和适宜性。”但是，“如果人们分别检查一下各科学分支，可以发现许多分支的独一特性取决于所研究的资料，但并不是所有的分支都是这样的，其中有些的同一性基于研究方法。地理学就属于后一类，正如历史学和历史地质学分别研究各时期人类发展和地球演变的性质，地理学从地区差异性着手”〔8：2,8〕。

赫脱纳在1925年的论文中，发展了这个理论，按照一般科学的逻辑分类，试图从地理学的发展过程中建立它的性质和范围。

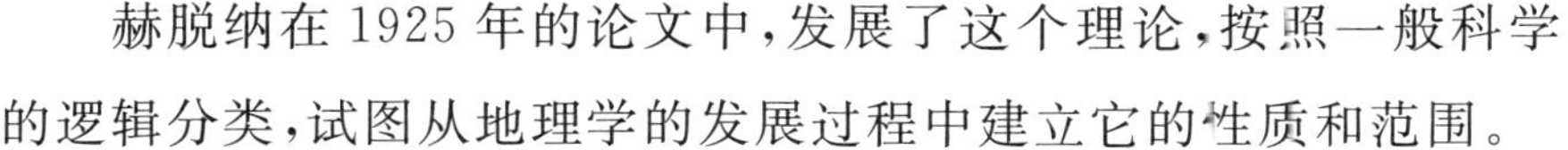

概念的阐述

下面的解释主要依据赫脱纳1905年的阐述〔11：549—53；

2：114—17〕。该项阐述既已大部译成英文〔1：140—42〕，此处试图以比较通俗的文字推衍他的解释，一些更改则特别予以指出。

实验知识关系到许多不同种类的现象，后者在历史上的特定时间和在空间上的特定地方作复杂的相互关联性而发生。最后目的是达到在所有复杂关联性中，在所有时间上和空间上的差异性中，对整体的认识、描述和解释。但是，我们不能一下子研究每件事，任何一个学者或学者集体亦不可能具有分析所有不同问题的必要能力。所以，就把实际上统一的知识武断地划分为领域、学科或区划，对其中每一门都有一个学者集体集中他们的训练和研究，从而获得专门化的好处。

选择专门化领域的方法之一，是采取一项特殊现象，并集中研究该项现象。对特殊现象的研究，或者暂不考虑它们与其他现象在空间上和时间上的相互关联性，或者从那些相互关联性对该项现象之重要性出发而加以研究。由于所有项目合并在一起，就包括了现象的整个范围，这些“系统科学”延伸到整个知识领域。但是它们并不能告诉我们所需要知道的全部；因而每一个都从现实的实际复杂体中取出它所集中研究的特殊现象。假使我们把它们的所有发现单纯地加起来，仍不能恢复多种多样现象的原始统一体，这些多种多样现象在一个地方和一个时间上相互关联，从而组成了该地方和该时间的存在现实。

所以，第二种知识专门化的方法是集中于现象在时间上变异性及其在时间上的相互联系性——把空间保持成一常数，或者尽可能缩小地方差别。在相对短暂的有史时期，特性变化最多的现象是人类社会。物理、化学、植物学、动物学以及体质人类学的现象则很少变化。所以我们普通称之为历史学的，大部分限于研究社会现象的复杂相互关联性之差异，在项目分类的研究中，这些现象亦组成系统社会科学的资料。在这个意义上，可以接受这个论点：历史学研究全部社会科学所研究的。然而这并不是说：从一个历史学研究中可以获得所有能从系统社会科学获得的；或者说：后一些科学可以代替历史学。

历史学，甚至人类历史学，并不能忽视自然界的所有变化，因为有些自然现象在人类时期已发生了显著变化。对荷兰海岸线变化或对北海鱼类生活习惯的知识，都是研究荷兰历史所必需的。然而在完全意义上，历史并不限于人类历史。研究远较绵长的地球上生命史或地史和宇宙史的学者们，发现他们所研究的时间上具有差异和关联的现象，普通应归属于自然科学。

可以顺便指出：在这些时间领域研究中的实际分工，并不根据那个逻辑上的关联性，而是根据它们各自获得知识之手段所需要的训练。组成了最近地史时期最重要变化的社会现象之关联性记载于文人的典籍中，对这个时期的研究就主要（虽然不是全部）依赖于钻研文字典籍的能力。对一个较早时期，学者必须具有专门训练，能从人类应用的和遗留的实物中重新建立当时存在的社会现象，那就是，一个人类学或考古学的学者。对于包括生命演化和地史本身的巨大历史在内的人类以前历史，记录从地壳的岩石中取得，因而那个远较绵长时期的历史学者必须是某种特殊的地质学者，即一个古生物学者。

假使现象在时间上的关联单纯是一个顺序而并无因果关系或者单纯是时代相同而缺乏相互关联，历史学就不比编排事实目录好多少。对任何时期不同现象的相互关联性以及时间上发展的因果关系之分析，都需要比单纯叙述更多的一些东西。不论是人类历史,先人类历史或者地史,都希望学者比讲述故事做更多的事;他必须努力提供科学的描述(有如上一章所下的定义)。

如果我们认为时间科学包括了每一部分地球和宇宙的历史,它们的总和亦就与系统科学的总和一样,在理论上延伸到整个知识领域。

在任何一个时候,例如现在,宇宙的不同部分显然在现象的组合上和现象的关联上存在着空间的差异。这些差异虽在系统科学中和时间科学中并没有完全被忽视,仍需要知识分工的第三种方法,其主要目的在于检查宇宙不同区域,从而决定它们特性和空间的关联。

从人类最早关于宇宙的推究以来,空间似由两个完全分开的部分所组成:固体、液体及气体的混合带,组成了异常多变的世界,这同时是人类之家以及人类得以直接观察生命的可惊多样性之唯一场所;另一个是几乎虚空的天空,显示了天体的多种运动。认识到人类所知道的地球或世界只是无限银河系之一的一个较小太阳系的一个较小行星之外壳以后,地理学和天文学似在逻辑上可并合而为一门宇宙学。但是观测方法和研究目的都基本上保持不同的独立。地理学继续按照对人类的重要性来研究地球细微变化的表面,天文学则研究包括地球在内的天体,主要作为物理的和化学的物体而不考虑它对人类的重要性。当有可能通过天文学以外的方法来研究地球内部时,发展了第三门地域科学,那就是整个地球的物理学——地球物理学①。

① 《地理学性质》一书接受了赫脱纳 1905 年的阐述,〔1:140—42〕,只承认两种空间科学:地理学和天文学,后者包括地球作为一个行星的研究在内。这实际上不留地位给地球内部的空间研究,它是现代科学最近才加“探险”的。

我们不能找到，并且不应期望：三门学科所研究的空间部分之间的清晰界限。研究地球与天空之间很薄层地壳的地理学，依赖于两门其他空间学科的成果，只要后者有关于整个空间的那一很细小部分。我们已经有机会注意到学科之间的某些相似之点，特别是地理学与天文学之间，但是所研究的资料在性质上和分布上的巨大差异以及研究目的的随之不同，在决定研究方法和成果上的差异，起了更大的作用。

历史学的因果联系已经常为哲学家所承认，星体运动研究的物理法则之重要性又已使天文学建立为一门科学，但地球表面的地域科学之需要，在过去并没有这样鲜明。如果在同一地方同时找到的多种现象彼此间相互独立，而不同地方物体之间的关联并没有因果关系，地理学就只是不同地区所找到的现象的百科全书——过去几百年所出版的许多地理书籍就是如此。对于空间三个部分的研究，每一部分都需要发展特定学科，这是由于同一情况的产物——在一个地方的复杂不同现象之间存在着因果关联性，以及不同地方的现象之间存在着因果联系性。

在地球表面上相互关联着的几乎无限多样化的现象，以及人类可加观测的和描述的，使这个宇宙的微小部分提供了任何已知宇宙部分中最复杂的研究地区。它亦是宇宙中同我们关系最密切的部分。在一门领域中包括了组成综合体的巨大多样化的、不可比较的现象，就必然需要某些选择的原则。这个原则贯彻在地理学中是它从最早开始就把地球作为人类之家。在地理学中，地球表面所呈现的无限多样化现象之相对重要性的衡量，取决于它们对人类实际的或潜在的、直接的或间接的重要性。由于重要性跟着人类文化和技巧的发展而发生变化，甚至在无人居住而自然情况很少变化的地区亦经历了时间上的变化,并必须在这些变化的光辉下重新进行评价①。

空间诸分段的特性和相互关联性之研究,主要集中在现在(或者尽观测之可能,接近于现在),但它亦关系到过去时期及其向现在发展时期的特性和相互联系性。因此,认识宇宙的地域探讨,亦在理论上延伸及于整个实验知识。

地理学和其他领域的比较及关联

在这三个重叠的认识宇宙的探讨方法中,地理学显然并不是独一的。和天文学及地球物理学一起,它是地域科学之一个分支,犹如历史学、先人类历史学、古生物学等等之组成时间科学。这两群科学都与系统科学显著不同,这在于它们分别研究空间或时间的分片,而不论具体内容是什么,系统科学则集中研究特殊项目的物体或现象,而不论它们的空间或时间②。

作为了解地理学性质的一个帮助,认识现实的这三个探讨方法之区分并不因我们找不到完全的和截然的差异而动摇。知识的组织并不需要干脆的分割(这将破坏现实的基本统一性),而是认识到一贯的、可驾驭的而相互叠置的分类。

---

① 这一段根据第五章的讨论,它代表对赫脱纳的阐述的一个补充,如果不是一个修正的话。

② 乔利 1942 年所描述的关于地理学与系统科学不同之处,完全与这里所表达的相符合〔52:14〕。他关于地理学和历史学的比较,亦同样相符合,他的用词并且与康德很相近似〔52:103〕。又可以提到福马斯关于地理学在科学中地位的理论探讨,他似乎独立于这里所提到的任何其他资料,而得到近似的结论,特别是关于历史学和地理学堪相匹敌的地位〔61〕。

因此,一个主要关心于某项特殊现象的特性和作用的系统科学,有必要研究它们和其他现象的相互关联性,而只偶然地关系到地方。在这个意义上,当然每门科学必须应付相当复杂的现象,但经常只集中于它的特殊项目。作为一个系统科学学者的动物学者,可以研究动物界的历史或不同种属的地理分布;这种研究在系统科学和时间科学之间或在系统科学和空间科学之间占有过渡地位。

同样,历史学者不可能将他的研究局限于不包含显著地区差异的小地区。西欧的历史显示由于不同国家之差异而产生了显著的时间上差异。总之,历史学者必须在或多或少程度上是地理的。反之,正如我们已看到的,由于“现在”的概念——或者任何其他时期——是抽象的,所有地理工作因而必须在或多或少程度上是历史的。两种研究的区别并不是一个分割,而只是目的和重点的不同〔参考比较 68:1—3;52:102—17〕。

概念的历史背景

我们这里简述的,主要根据赫脱纳的概念,并不是他在 1905 年所新创的。我们已提到:观念的根苗已见于他在 10 年以前的第一篇方法论论文。再则,我们亦知道(赫脱纳显然并未见到),两位学者——康德和洪保德[①]——显然彼此独立地在一个世纪以前用

① 康德的阐述,1775 年以来基本上作讲稿形式,1803 年首次在《康德的自然地理学》(林克版)发表,并在《地理学性质》一书加以翻译引用和校正〔1:134f〕。洪保德的阐述在 1793 年用拉丁文发表,并以同样形式包括在《宇宙》一书中〔14:436f〕,后者已有英译本〔105:100〕。

不同的术语阐述了很相似的概念。所有三个阐述是独立地发展，还是从康德到洪保德，或从两者之一到赫脱纳，具有若干联系，这组成了地理思想史上一个有趣的但迄未解决的问题[①]。更重要的问题是：地理工作者对自己主题的想法发生了什么变化，以解释不同发展时期对概念之不同反应？在 19 世纪后半叶，这个概念似默然不被注意，当时地理学趋于分裂为自然地理学（作为一系列的系统科学）和区域人文地理学。但是，跟随着李希霍芬，恢复了地理学作为地球表面的地区变异性研究之概念，再一次有需要承认地域的探讨〔21〕。

概念与前述地理学问题之关联

在本书以前各章所讨论的地理学作为一个研究领域的特性，并不从这最后一章所简述的地理学在科学中地位的特殊概念演绎而来。它们是大部分地理学的悠久历史文献中所可迅速观察到的经验事实。在历史文献中，地理工作者对主题的这些特性曾相互争辩，而很少仰助于这个概念。但在地理学与一些科学领域对比之下，已有许多地理工作者看到了某些差异，因而感到不安。

对这些学者，可能亦只有对他们，赫脱纳的概念具有价值。概念的接受并不是地理工作所必要的。但是，学者如果由于不能了解需要，不能接受经验证明对地理学为必要的特性，就会再三地企图改变主题，使与他们对科学的看法相适应。这种企图的悠久历

① 一些作者根据《地理学性质》一书所提供的事实，总结说：赫脱纳在很大程度上依赖于以前学者的工作。塔森在提供更多资料时总结说：上述结论不超过推测的程度〔3：52f〕。我自己以后的研究，得到了相似的结论〔105〕。

史表明了唯一的结果是:那些想把一个方塞插入圆孔的人们,招致了个人的挫败和职业上的不愉快。

因此,概念是具有价值的,如果它能对“为什么地理学是这样的”这个问题提供一个合理的答案。对几个关于地理学性质问题的全面讨论中,曾注意到与多种其他知识领域的比较,在每个事例中包括了不同程度的相似性和差异性。如果这些在逻辑上符合于概念所提出的分类系统,那些惟恐地理学性质有些毛病的人们就不再需要和他们认为不对头的地方作斗争了。因为可以看到:地理学表现了那些逻辑上与一个在整个知识王国中占有特殊位置的主题相联系的特性。

这个概念所提出的假设解释了实验决定的地理学特性吗?为了表现这个,人们只要把本书的讨论次序颠倒过来。给定这个假设:地理学性质取决于它作为一个地域科学的地位,与一般地域科学一样,取决于研究的方法而不是研究对象的种类,并在地域科学之中,它按照对人类的重要性,研究相互关联因子所组成的、因地而异的地球表面;那么,人们将期望什么样的特性?

我们知道,这些对人类重要的因子在种类上是极其多样的,但在现实中于地球上每一个地方统一而为综合体;这迫使地理学成为比系统科学研究更复杂的统一体,因为它包括了后者所有的复杂体。我们知道这些不同因子不但在每一地方作不同程度的相互关联,其中许多因子还在世界上各地方之间相互关联。因此,由于我们不能够一下子研究所有内容,在大地区必须研究统一体有限分布的相互关联性——部门地理学;同时,为了理解地球每一部分的特性,必须研究小地区单位较复杂的统一体——区域地理学。最后,同任何科学一样,我们通过因素间一般概念和相互关联性法则的建立,企图达到知识的肯定性和普遍性。但是由于我们研究对象(地球表面的复杂世界)的许多要素中包含了多种不能比较的因素,这个想望的方法[①]只能用于我们的发现之部分解释中。然而这个方法所不能解释的大部分事物,对地方之间地区变异性的了解和解释仍是必要的。所以我们被迫去衡量,并尽我们可能去解释一个数量异常巨大的独立事例。

如果假设符合了先决事实,这就比它的作者或任何它所提出的逻辑,更强有力地赢得了有效性。

① 指一般概念和相互关联性法则的建立。——译者

第十二章　后语

本书对地理学基本特性取决于它过去发展的原则之全面坚持，只有在人们看不到传统对该领域所提供的全面广度和深度时，才对我们的研究自由具有约束或限制。我们所研究的地壳包括了整个人类世界，它的地区变异性包括了人类和其余自然部分的大部分现象。为了完全理解这些地区变异性，我们必须追溯所包含因素过去的关联性，而后者随着需要，并尽资料所及，可以追溯到很久以前的历史。从必须集中我们注意力于人文的和非人文的两大要素群之间关联性中解放出来，就允许一个较广泛的兴趣，同时整个领域有了较大的一贯性。在许多部门地理学中，导致发展科学法则的一般研究的机会是存在的。同样，世界上无限数的独一地方，各自至少对本地居民是重要的，对学者提供了取用不竭的领域。

我们不能通过如何研究地理学的讨论来学习地理学。但是，为了相互学习，我们必须了解我们所应用的术语，并且，我们如果能够对我们所愿意学习的(那就是:关于我们领域的范围和作用)，达到一致意见，我们就能够最迅速地前进。

跟随着我们关于地理学讨论中已建立的学术方法，我们可以期望和本世纪开始的德国地理工作者一样，解决许多基本争端，并导致关于地理学范围和性质的基本问题之一致意见。这些争端的解决释放了学术界的精力,得以从事具体工作。这种工作的价值将有所增加:由于许多学者追求共同目标的具体工作使认识逐步建立为一个鼓舞的、促进进一步研究的有组织系统。同时,正如德国的经验所显示的:对基本问题的一致意见促进了广阔幅度的试验以及较高水平的新方法论概念之发展。

参 考 书 目*

一般参考书

1. Hartshorne, Richard. The Nature of Geography. 1939, 1946.

哈特向:《地理学性质》。原载美国地理工作者协会会刊 29 卷(1939 年)173—658 页;协会屡次重印,华盛顿国会图书馆中央办公室存档。罗马字标出的页次为 1946 年以后版本增补的。

2. Hettner, Alfred. Die Geographie, ihre Geschichte, ihr Wesen und ihre Methoden. Breslau, 1927.

赫脱纳:《地理学:它的历史、性质和方法》,布勒斯劳,1927 年。包含下列前面一些论文的大部分资料。

3. Taylor, Griffith (ed.). Geography in the Twentieth Century. New York, 1951.

泰勒(主编):《二十世纪地理学》,纽约,1951 年。各章分别由 22 位作者撰述。

4. James, Preston E., and Jones, Clarence F. (eds.). American Geography: Inventory and Prospect. Syracuse, 1954.

詹姆士和章斯(主编):《美国地理学:回顾和前瞻》,叙拉古,1954 年。

1939 年以前出版的著作

(在《地理学性质》一书中〔1〕附有远较详尽的参考书目)

* 鉴于参考书目是本书重要组成部分之一,为了便于读者查阅,特将全文译出,并附列作者、书名、刊载杂志和出版地点的原文。——译者

5. Bowman, Isaiah, Geography in Relation to the Social Sciences. New York, 1934.

鲍曼:《地理学和社会科学的关系》,纽约,1934 年。

6. Chamberlin, Thomas Chrowder. The Methods of the Earth-Sciences, Congress of Arts and Science, Universal Exposition, St. Louis, 1904.

张伯伦:《地学的方法》,艺术和科学会议,普遍说明,圣路易,1904 年。H. J. 娄哲编,波士顿,1906 年,477—87 页。

7. Herbertson, Andrew J. Regional Environment, Heredity and Consciousness, Geographical Teacher, VIII(1915).

赫勃生:《区域环境:传统和意识》,《地理教学》,8 卷(1915 年),147—53 页。

8. Hettner, Alfred. Geographische Forschung und Bildung, Geographische Zeitschrift, I(1895).

赫脱纳:《地理学的探讨和组织》,《地理杂志》,1 卷(1895 年),1—19 页。

9. Hettner, Alfred. Die Entwicklung der Geographie im 19. Jahrhundert, Geographische Zeitschrift, IV(1898).

赫脱纳:《地理学在十九世纪的发展》,《地理杂志》,4 卷(1898 年),305—20 页。

10. Hettner, Alfred. Grundbegriffe und Grundsätze der physischen Geographie, Geographishche Zeitschrift, IX(1903).

赫脱纳:《自然地理学的基本原理》,《地理杂志》,9 卷(1903 年),21—40,121—39,193—213 页。

11. Hettner, Alfred. Das Wesen und die Methoden der Geographie, Geographische Zeitschrift, XI(1905).

赫脱纳:《地理学的性质和方法》,《地理杂志》,11 卷(1905 年),545—64,615—29,671—86 页。

12. Hettner, Alfred. Die Bedeutung der Morphologie, Geographische Zeitschrift, XXIX(1923).

赫脱纳:《形态的重要性》,《地理杂志》,29 卷(1923 年),41—46 页。

13. Hettner, Alfred. Gesetzmässigkeit und Zufall in der Geographie,

Geographische Zeitschrift, XLI(1935).

赫脱纳:《地理学中的法则和偶然》,《地理杂志》,41 卷(1935 年),2—15 页。

14. Humboldt, Alexander von. Kosmos: Entwurf einer physischen Weltbeschreibung. Vol. I. Stuttgart, 1845.

洪保德:《宇宙学:一个世界描述的纲要》,卷 1,斯图加特,1845 年。

15. Kraft, Viktor. Die Geographie als Wissenschaft, Enzyklopädie der Erdkunde, Teil: Methodenlehre der Geographie, Leipzig, 1929.

克腊夫特:《作为一门科学的地理学》,《世界百科全书》,地理学方法部分,莱比锡,1929 年,1—22 页。

16. Mackinder, Halford J. O. On the Scope and Methods of Geography, Proceedings of the Royal Geographical Society, N. S. IX(1887).

麦金德:《地理学的范围和方法》,《皇家地理学会纪要》,9 卷(1887 年),141—60 页。

17. Mackinder, Halford J. O. Modern Geography, German and English, Geographical Journal, VI(1895).

麦金德:《现代德国和英国地理学》,《地理季刊》,6 卷(1895 年),367—79 页。

18. Mackinder, Halford J. O. The Human Habitat, Scottish Geographical Magazine, XLVII(1931).

麦金德:《人类的住所》,《苏格兰地理杂志》,47 卷(1931 年),321—35 页。

19. Martonne, Emmanuel de. Évolution de la Géographie, Traité de Géographie Physique. Paris, 1919, 1948.

马东:《地理学的演化》,《自然地理》,巴黎,1919 年及 1948 年,3—26 页。

20. Ogilvie, Alan G. The Relations of Geology and Geography, Geography, XXIII(1938).

奥季耳维:《地质学和地理学的关系》,《地理》,23 卷(1938 年),75—82 页。

21. Richthofen, Ferdinand Fr. von. Aufgaben und Methoden der heuti-

gen Geographie, Leipzig, 1883.

李希霍芬:《现代地理学的任务和方法》,莱比锡,就职学术讲演,1883年。

22. Ritter, Carl. Über das historische Element in der geographischen Wissenschaft, Berlin, 1833,1852.

李戴尔:《关于地理学中的历史因子》,柏林科学院讲稿,1833 年。讨论中重印的《比较地理学》的序言,1852 年。加杰所编的英译本,译文不可靠。

23. Ritter, Carl. Allgemeine Erdkunde, Berlin, 1862.

李戴尔:《普通地理学》,柏林大学讲稿(死后发表),柏林,1862 年。加杰的英译本,译文不可靠。

24. Sauer, Carl O. The Morphology of Landscape, University of California Publications in Geography, II(1925).

苏尔:《景观的形态》,加利福尼亚大学地理出版物第 2 号(1925 年),19—53 页。

25. Sauer, Carl O. Recent Developments in Cultural Geography, Chapter 4 of Recent Developments in the Social Sciences, ed. E. G. Hayes, Philadelphia, 1927.

苏尔:《文化地理学的最近发展》,海斯编《社会科学的最近发展》一书的第四章,菲城,1927 年。

26. Vidal de la Blache, Paul. Le principe de la géographie générale, Annales de Géographie, V(1896).

费达耳—白兰士:《普通地理学原理》,《地理会刊》,5 卷(1896 年),129—42 页。

27. Vidal de la Blache, Paul. Des caractères distinctifs de la géographie, Annales de Géographie, XXII(1913).

费达耳—白兰士:《地理学的特性》,《地理会刊》,22 卷(1913 年),289—99 页。

28. Vidal de la Blache, Paul. Principles de géographie humaine, Paris, 1922.

费达耳—白兰士:《人文地理学原理》,巴黎,1922 年。英译本,纽约,

1925 年。

1939 年以后出版的方法论研究

德语地区的地理学(包括荷兰文——译者)

29. Bobek, Hans and Schmithüsen, J. Die Landschaft im logischen System der Geographie, Erdkunde, Ⅲ(1949).

博伯克和施米素散:《在地理学逻辑系统中的景观》,《区域地理》,3 卷(1949 年),112—20 页。

30. Bobek, Hans. Gedanken über das logische System der Geographie, Mitteilungen der Geographischen Gesellschaft in Wien, XCIX(1957).

博伯克:《关于地理学的逻辑系统》,维也纳地理学会通报,99 卷(1957 年),122—45 页。

31. Carol, Hans. Die Wirtschaftslandschaft und ihre kartographische Darstellung, Geographica Helvetica, I(1946).

卡罗耳:《经济景观及其地图表示》,瑞士地理,1 卷(1946 年),246—79 页。

32. Carol, Hans. Zur Diskussion um Landschaft und Geographie, Geographica Helvetica, XI(1956).

Grundsätzliches zum Landschaftsbegriff, Petermanns Geographische Mitteilungen, CI(1957).

卡罗耳:《关于景观和地理学的讨论》,瑞士地理,11 卷(1956 年),111—33 页。较简略地重见于《关于景观概念的原理》,彼得曼地理通报,101 卷(1957 年),93—97 页。

33. Carol, Hans, and Neef, Ernst. Zehn Grundsätze über Geographie und Landschaft, Petermanns Geographische Mitteilungen, CI(1957).

卡罗耳和内弗:《关于地理学和景观的十个原理》,彼得曼地理通报,101 卷(1957 年),97—98 页。

34. De Jong, G. Het karakter van de geografische totaliteit. Groningen, 1955.

德章:《地理学整体的性质》,格罗宁京,1955 年。

35. De Jong, G. Denkvormen van het geographisch Gebied in Eenheid en Verscheidenheid, Groningen, 1955.

德章:《多样性中的一致性之地理学思想方式》(阿姆斯特丹大学就职演说),格罗宁京,1955 年。

36. Lautensach, Hermann. Otto Schlüters Bedeutung für die methodische Entwicklung der Geographie, Petermanns Geographische Mitteilungen, XCVI(1952).

劳顿萨赫:《O. 施路特对地理学方法发展的重要性》,彼得曼地理通报,96 卷(1952 年),219—31 页。

37. Lautensach, Hermann. Über die Begriffe Typus und Individuum in der geographischen Forschung (Münchner Geographische Hefte 3). Regensburg. 1953.

劳顿萨赫:《关于地理学研究中类型和个体的概念》,门奇讷地理丛书第 3 号,雷根堡,1953 年,共 33 页。

38. Lautensach, Hermann. Die geographische Formenwandel. Bonn, 1952.

劳顿萨赫:《地理学的形式变化》,波恩,1952 年。

39. Otremba, E. Die Grundsätze der naturräumlichen Gliederung Deutschlands, Erdkunde, Ⅱ(1948).

奥特伦巴:《德国自然区划的原理》,《区域地理》,2 卷(1948 年),156—67 页。

40. Overbeck, H. Die Entwicklung der Anthropogeographie(insbesondere in Deutschland) seit der Jahrhundertwende und ihre Bedeutung für die geschichtliche Landesforschung, Blätter für deutsche Landesgeschichte, 1954.

奥佛贝克:《本世纪以来人文地理学的发展(特别在德国)及其对历史的土地研究之重要性》,《德国土地历史》,1954 年,182—244 页。

41. Plewe, Ernst. Vom Wesen und den Methoden der regionalen Geographie, Studium Generale, V(1952).

普刘:《区域地理的性质和方法》,《普通研究》,5 卷(1952 年),410—21

页。

42. Schmithüsen, Josef. Grundsätze für die Untersuchung und Darstellung der naturräumlichen Gliederung von Deutschland, Berichte zur deutschen Landeskunde, VI(1949).

施米素散:《德国自然区划研究和表示的原理》,《德国区域地理学知识》,6 卷(1949 年),8—19 页。

43. Schmithüsen, Josef. Einleitung: Grundsätzliches und Methodisches, Handbuch der naturräumlichen Gliederung Deutschlands, Lief. 1. Remagen, 1953.

施米素散:《引言:原理和方法》,《德国自然区划手册》第 1 册,雷马根,1953 年。

44. Schmitthenner, H. Zum Problem der Allgemeinen Geographie, Geographica Helvetica, VI(1951).

施米特纳:《普通地理学的问题》,瑞士地理,6 卷(1951 年),123—36 页。

45. Schmitthenner, H. Zum Problem der Allgemeinen Geographie und der Länderkunde(Münchner Geographische Heft 4). Regensburg, 1954.

施米特纳:《普通地理学和区域地理学的问题》,门奇讷地理丛书第 4 号,雷根堡,1954 年,共 37 页。

45a. Schmitthenner, H. Studien zur Lehre vom geographischen Formenwandel(Münchner Geographische Heft 7). Regensburg, 1954.

施米特纳:《地理学形式变化的研究》,门奇讷地理丛书第 7 号,雷根堡,1954 年,共 45 页。

46. Sölch, Johann. Die wissenschaftliche Aufgabe der modernen Geographie, Almanach der Oesterreichischen Akademie der Wissenschaften, XCVIII(1949).

苏希:《现代地理学的科学问题》,东德科学院通报,98 卷(1949 年),143—62 页。

47. Troll, Carl. Die geographische Landschaft und ihre Erforschung, Studium Generale, Ⅲ(1950).

特罗耳:《地理景观及其探讨》,《普通研究》,3 卷(1950 年),163—81 页。

48. Uhlig, Harald. Die Kulturlandschaft: Methoden der Forschung und das Beispiel Nordostengland. Kölner Geographische Arbeiten, 1956.

乌利季:《文化景观:探讨方法及其在英国西北部的范例》,克讷地理工作,1956,1—98 页。

法国地理学

49. Allix, André. L'esprit et les méthodes de la géographie, Études Rhodaniennes(Université de Lyon),IV(1948).

阿利克斯:《地理学的意义和方法》,罗达研究(里昂大学),4 卷(1948 年),299—310 页。

50. Baulig, H. La géographie est-elle une science? Annales de Géographie, LVII(1948).

博利季:《地理学是一门科学吗?》,《地理会刊》,57 卷(1948 年),1—11 页。

51. Chabot, G. Les conceptions françaises de la Science géographique, Norsk Geografisk Tidsskrift, XII(1950).

恰博特:《法国人关于地理学的概念》,《诺尔斯克地理杂志》,12 卷(1950 年),309—21 页。

52. Cholley, André. Guide de l'Étudiant en Géographie. Paris: Presses Universitaires de France, 1942.

乔利:《地理学研究指南》,巴黎,法国大学出版社,1942 年。

53. Cholley, André. Géographie et Sociologie. Cahiers Internationaux de Sociologie, V(1948).

乔利:《地理学和社会科学》,《社会学国际丛刊》,5 卷(1948 年),3—20 页。

54. Deffontaines, P. Défense et illustration de la géographie humaine, Revue de Géographie humaine et d'Ethnologie,I(1948).

德方顿:《人文地理学的答辩和说明》,《人文地理学和人种学评论》,1 卷(1948 年),5—13 页。

55. Demangeon, Albert. Une définition de la Géographie Humaine, Problèmes de Géographie Humaine. Paris, 1942.

德孟雄:《人文地理学的一个定义》,见于《人文地理学问题》一书,巴黎,1942 年,25—34 页。

56. Gottmann, Jean. De la méthode d'analyse en géographie humaine, Annales de Géographie, LVI(1947).

高特曼:《人文地理学中的分析方法》,《地理会刊》,56 卷(1947 年),1—12 页。

57. Hamelin, Edm. La Géographie "Difficile", Cahiers de Géographie (Université Laval, Québec), II(1952).

哈梅林:《"困难的"地理学》,《地理丛刊》(魁北克拉伐耳大学),2 卷(1952 年),共 20 页。

58. Le Lannou, Maurice. Le vocation actuelle de la géographie humaine, Études Rhodaniennes, IV(1948).

娄拉瑙:《人文地理学的实际目标》,罗达研究,4 卷(1948 年),272—80 页。

59. Le Lannou, Maurice. La géographie humaine. Paris, 1949.

娄拉瑙:《人文地理学》,巴黎,1949 年。

60. Sorre, Max. Les Fondements de la géographie humaine. 3 vols. Paris, 1947—48.

索尔:《人文地理学基础》,3 卷,巴黎,1947—48 年。

61. Vaumas, Étienne de. La Géographie. Essai sur sa nature et sa place parmi les sciences, Revue de Géographie Alpine, XXXIV(1946).

福马斯:《地理学的性质及其在科学中的地位》,《阿尔卑斯地理评论》,34 卷(1946 年),555—70 页。

不列颠地理学(包括英国、新西兰、印度、澳大利亚等——译者)

62. Baker, J. N. L. The Geography of Bernard Varenius, Transactions and Papers, Institute of British Geographers, XXI(1955).

贝格:《B. 伐伦纽斯的地理学》,不列颠地理工作者研究所记录,21 卷(1955 年),51—60 页。

63. Buchanan, Keith. Geography and Human Affairs. Wellington, New Zealand, 1954.

布恰南:《地理学和人类事务》,维多利亚大学就职讲演,惠灵顿,新西兰,1954 年。

64. Buchanan, R. O. Approach to Economic Geography, Indian Geographical Society, Silver Jubilee Souvenir, 1952.

布恰南:《经济地理学的探讨》,《印度地理学会二十五年纪念刊》,1952 年,1—8 页。

65. Clark, K. G. T. Certain Underpinnings of our Arguments in Human Geography, Transactions and Papers, Institute of British Geographers, XVI(1950).

克拉克:《我们关于人文地理学论点的一些基础》,不列颠地理工作者研究所记录,16 卷(1950 年),15—22 页。

66. Cumberland, Kenneth B. The Geographer's Point of View. Auckland, New Zealand, 1946.

康伯兰:《地理工作者的观点》,奥克兰大学就职讲演,奥克兰,新西兰,1946 年。

67. Darby, H. C. Theory and Practice of Geography, Liverpool, 1946.

达比:《地理学的理论和实践》,利物浦大学就职讲演,利物浦,1946 年。

68. Darby, H. C. On the Relations of Geography and History, Transactions and Papers, Institute of British Geographers, XIX(1953).

达比:《地理学和历史学的关系》,不列颠地理工作者研究所记录,19 卷(1953 年),1—11 页。1957 年在 3 期重刊,640—52 页。

69. Edwards, K. C. Land, Area and Region, Indian Geographical Society, Silver Jubilee Souvenir, 1952.

爱德华:《土地、地区和区域》,诺廷冈大学就职讲演,1950 年,《印度地理学会二十五年纪念刊》重印,1952 年。

70. Fisher, C. A. Economic Geography in a Changing World, Transactions and Papers, Institute of British Geographers, XIV(1948).

菲歇:《变化世界中的经济地理学》,不列颠地理工作者研究所记录,14 卷(1948 年),70—85 页。

71. W. 菲兹杰腊(Fitzgerald)在《自然》(Nature)杂志上所发表的四篇关

于地理学方法和概念的短文，152 卷(1943 年)，589—93 页，740—44 页；153 卷(1944 年)，481—87 页；154 卷(1945 年)，355—59 页。

72. Forde, C. Daryll. Human Geography, History and Sociology, Scottish Geographical Magazine, LV(1939).

福特：《人文地理学、历史学和社会学》，《苏格兰地理杂志》，55 卷(1939 年)，217—35 页。

73. Garnier, B. J. The Contribution of Geography, Ibadan, Nigeria, 1952.

格尼尔：《地理学的贡献》，伊巴丹大学就职讲演，伊巴丹，尼日利亚，1952。

74. Jones, Emrys. Cause and Effect in Human Geography, Annals, Association of American Geographers, XLVI(1956).

章斯：《人文地理学中的因果关系》，美国地理工作者协会会刊，46 卷(1956 年)，369—77 页。

75. Kimble, George H. T. The Inadequacy of the Regional Concept, London Essays in Geography. Cambridge, 1951.

金布耳：《区域概念之不足》，《伦敦地理论文集》，剑桥，1951 年。

76. Kinvig, R. K. The Geographer as Humanist, The Advancement of Science(British Association). XXXVIII(1953).

金维格：《作为人文学者的地理工作者》，《科学促进》(不列颠协会)，38 卷(1953 年)，157—68 页。

77. Kirk, W. Historical Geography and the Behavioural Environment, Indian Geographical Society, Silver Jubilee Souvenir, 1952.

基尔克：《历史地理学和活动环境》，《印度地理学会二十五年纪念刊》，1952 年，152—60 页。

78. Linton, David L. Discovery, Education and Research. Sheffield, 1946.

林敦：《发现、教育及研究》，谢菲尔德大学就职讲演，谢菲尔德，1946 年。

79. Linton, David L. Geography and Air Photographs. Manchester: Geographical Association, 1947.

林敦:《地理学和航空照片》,曼彻斯特地理学会,1947 年。

80. Mackinder, Halford J. O. Geography, an Art and a Philosophy, Geography, XXVII(1942).

麦金德:《地理学:一种艺术和一种哲学》,《地理》,27 卷(1942 年),122—30 页。

81. Manley, Gordon. Degrees of Freedom. London, 1950.

曼勒:《自由的程度》,伯福特学院就职讲演,伦敦,1950 年。

82. Martin, A. F. The Necessity for Determinism: A Metaphysical Problem Confronting Geographers, Transactions and Papers, Institute of British Geographers, XVII(1951).

马丁:《决定论的必要:面对地理工作者的一个形而上学问题》,不列颠地理工作者研究所记录,17 卷(1951 年),1—12 页。

83. Monkhouse, F. J. The Concept and Content of Modern Geography. Southampton, 1955.

蒙克豪斯:《现代地理学的概念和内容》,南安普敦大学就职讲演,南安普敦,1955 年。

84. Montefiore, H. C., and Williams, W. W. Determinism and Possibilism, Geographical Studies, Ⅱ(1955).

蒙提菲尔和威廉斯:《决定论和或然论》,《地理研究》(伦敦),2 卷(1955 年),1—11 页。

85. Pye, Norman. Object and Method in Geographical Studies. Leicester, 1955.

皮氏:《地理研究中之目的和方法》,勒斯特大学就职讲演,勒斯特,1955 年。

86. Robinson, G. W. S. The Geographical Region: Form and Function, Scottish Geographical Magazine, LXIX(1953).

鲁宾森:《地理区域:形式和作用》,《苏格兰地理杂志》,69 卷(1953 年),49—58 页。

87. Spate, O. H. K. Toynbee and Huntington: A Study of Determinism, Geographical Journal, CXVIII(1952).

斯佩特:《汤因比和亨丁顿:一个决定论的研究》,《地理季刊》,118 卷(1952 年),406—28 页(E. G. R. 泰勒和其他学者参加讨论)。

88. Spate, O. H. K. Reflections on Toynbee's "A Study of History", Historical Studies——Australia and New Zealand, V(1953).

斯佩特:《对汤因比著"一个历史研究"的感想》,《历史研究——澳大利亚和新西兰》,5 卷(1953 年),324—27 页。

89. Spate, O. H. K. The Compass of Geography. Canberra, 1953.

斯佩特:《地理学的范围》,澳大利亚国立大学就职讲演,堪培拉,1953 年。

90. Unstead, J. F. Sir Halford Mackinder and the New Geography, Geographical Journal, CXIII(1949).

翁斯特:《H. 麦金德爵士和新地理学》,《地理季刊》,113 卷(1949 年),47—57 页。

91. Wilcock, A. W. Region and Period, The Australian Geographer, VI(1954).

威科克:《区域和时期》,《澳大利亚地理工作者》,6 卷(1954 年 5 月),2 页。

92. Wooldridge, S. W. The Geographer as Scientist, London, 1956.

伍特里季:《作为科学家的地理工作者》,伦敦,1956 年。包括 1945—1954 年间提出的 6 篇方法论论文以及 1930—1954 年间单独发表的 10 篇具体工作论文。

93. Wooldridge, S. W., and East, W. Gordon. The Spirit and Purpose of Geography. London, 1951.

伍特里季和伊斯特:《地理学的精神和目的》,伦敦,1951 年。

94. Cumberland, K. B., et al. American Geography: Review and Commentary, New Zealand Geographer, XI(1955).

康伯兰和其他作者:《美国地理学:回顾和评论》,《新西兰地理工作者》,11 卷(1955 年),183—94 页。

美国地理学

95. Ackerman, Edward A. Geographic Training, Wartime Research and

Immediate Professional Objectives，Annals，Association of American Geographers，XXXV(1945).

阿克曼:《地理训练:战时研究和目前职业目标》,美国地理工作者协会会刊,35卷(1945年),121—43页。

96. Ackerman，Edward A. Geography as a Fundamental Research Discipline. Chicago，1956.

阿克曼:《地理学作为一门基础研究学科》,芝加哥大学地理系研究论文第53号,芝加哥,1956年,共37页。

97. Anderson，Robert. Some Relations of Geography and Cultural Anthropology，Florida Anthropologist，IV(1953).

安特生:《地理学和文化人类学的一些关系》,《佛罗里达人类学工作者》,4卷(1953年),129—37页。

98. Brooks，Charles F. The Climatic Record：Its Content，Limitations，and Geographic Value，Annals Association of American Geographers，XXXVIII(1948).

布鲁克:《气候记录:它的内容、限制和地理价值》,美国地理工作者协会会刊,38卷(1948年),153—68页。

99. Bryan，Kirk. Physical Geography in the Training of the Geographer，Annals，Association of American Geographers，XXXIV(1944).

布里安:《自然地理学在地理工作者训练中》,美国地理工作者协会会刊,34卷(1944年),183—89页。

100. Bryan，Kirk. The Place of Geomorphology in the Geographic Sciences，Annals，Association of American Geographers，XL(1950).

布里安:《地貌学在地理科学中的地位》,美国地理工作者协会会刊,40卷(1950年),196—208页。

101. Cline，Marlin G. Basic Principles of Soil Classification，Soil Science，LXVII(1949).

克利恩:《土壤分类的基本原理》,《土壤科学》,67卷(1949年),81—91页。

102. Hartshorne，Richard. On the Mores of Methodological Discussion

in American Geography, Annals, Association of American Geographers, XXXVIII(1948).

哈特向:《关于美国地理学中更多的方法讨论》,美国地理工作者协会会刊,38 卷(1948 年),113—25 页。

103. Hartshorne. Richard. The Functional Approach in Political Geography, Annals, Association of American Geographers, XL(1950).

哈特向:《政治地理学的作用探讨》,美国地理工作者协会会刊,40 卷(1950 年),95—130 页。

104. Hartshorne, Richard. "Exceptionalism in Geography"Re-examined, Annals, Association of American Geographers, XLV(1955).

哈特向:《重新检讨"地理学中的例外论"》,美国地理工作者协会会刊,45 卷(1955 年),205—44 页。

105. Hartshorne, Richard. The Concept of Geography as a Science of Space, from Kant and Humboldt to Hettner, Annals, Association of American Geographers, XLVIII(1958).

哈特向:《从康德和洪保德到赫脱纳:地理学作为一门空间科学的概念》,美国地理工作者协会会刊,48 卷(1958 年),97—108 页。

106. James, Preston E. Toward A Further Understanding of the Regional Concept, Annals, Association of American Geographers, XLII(1952).

詹姆士:《对区域概念的进一步了解》,美国地理工作者协会会刊,42 卷(1952 年),195—222 页。

107. Kesseli, John E. Geomorphic Landscapes, Yearbook, Association of Pacific Geographers, XII(1950).

克塞利:《地貌景观》,太平洋地理工作者协会年鉴,12 卷(1950 年),3—10 页。

108. Leighly, John. What has Happened to Physical Geography? Annals, Association of American Geographers, XLV(1955).

勒利:《自然地理学发生了什么?》,美国地理工作者协会会刊,45 卷(1959 年),309—18 页。

109. Philbrick, Allen K. Principles of Areal Functional Organization in

Regional Human Geography, Economic Geography, XXXIII(1957).

菲布里克:《区域人文地理学中地区作用组织的原理》,《经济地理》,33卷(1957年),299—336页。

109a. Philbrick, Allen K. Areal Functional Organization in Geography, Papers and Proceedings of the Regional Science Association, III(1957).

菲布里克:《地理学中的地区作用组织》,区域科学协会记录,3卷(1957年),87—98页。

110. Platt, Robert S. Environmentalism versus Geography, American Journal of Sociology, LIII(1948).

普累特:《环境论与地理学》,《美国社会学季刊》,53卷(1948年),351—58页。

111. Platt, Robert S. Determinism in Geography, Annals, Association of American Geographers, XXXVIII(1948).

普累特:《地理学中的决定论》,美国地理工作者协会会刊,38卷(1948年),126—32页。

112. Platt, Robert S. A Review of Regional Geography, Annals, Association of American Geographers, XLVII(1957).

普累特:《区域地理学的回顾》,美国地理工作者协会会刊,47卷(1957年),187—90页。

113. Raup, Hugh M. Trends in the Development of Geographic Botany, Annals, Association of American Geographers, XXXII(1942).

劳普:《植物地理学的发展趋势》,美国地理工作者协会会刊,32卷(1942年),319—54页。

114. Russell, Richard Joel. Geographical Geomorphology, Annals, Association of American Geographers, XXXIX(1949).

鲁塞耳:《地理的地貌学》,美国地理工作者协会会刊,39卷(1949年),1—11页。

115. Sauer, Carl O. Foreword to Historical Geography, Annals, Association of American Geographers, XXXI(1941).

苏尔:《历史地理学导言》,美国地理工作者协会会刊,31卷(1941年),

1—24 页。

116. Schaefer, Fred K. Exceptionalism in Geography: A Methodological Examination, Annals, Association of American Geographers, XLIII (1953).

夏弗:《地理学中的例外论:一个方法论的探讨》,美国地理工作者协会会刊,43 卷(1953 年),226—49 页。

117. Sprout, Harold, and Sprout, Margaret. Man—Milieu Relationship Hypotheses in the Context of International Politics. Princeton, 1956.

斯普劳特:《关于国际政治中的人地关系假设》,普林斯顿大学国际研究中心,普林斯顿,1956 年。

118. Thornthwaite, C. W. An Approach Toward a Rational Classification of Climate, Geographical Review, XXXVIII(1948).

桑怀特:《一个合理气候分类的探讨》,《地理评论》,38 卷(1948 年),55—94 页。

119. Trewartha, Glenn T. A Case for Population Geography, Annals, Association of American Geographers, XLIII(1953).

屈雷瓦撒:《人口地理学的一个事例》,美国地理工作者协会会刊,43 卷(1953 年),71—97 页。

120. Ullman, Edward L. Rivers as Regional Bonds: The Columbia-Snake Example, Geographical Review, XLI(1951).

乌耳曼:《河流作为区域的联系:哥伦比亚—蛇河的典例》,《地理评论》,41 卷(1951 年),210—25 页。

121. Ullman, Edward L. Human Geography, and Area Research, Annals, Association of American Geographers, XLIII(1953).

乌耳曼:《人文地理学和地区研究》,美国地理工作者协会会刊,43 卷(1953 年),54—66 页。

122. Ullman, Edward L. Geography as Spatial Interaction(abstract), Annals, Association of American Geographers, XLIV(1954).

乌耳曼:《作为空间相互作用的地理学》(摘要),美国地理工作者协会会刊,44 卷(1954 年),283f。

123. Ullman, Edward L. Regional Structure and Arrangement (mimeograph). Office of Naval Research, Report No. 10, Dec. 1954. University of Washington, Seattle.

乌耳曼:《区域的构造和安排》(影印),海军研究局,报告第 10 号,1954 年 12 月,华盛顿大学,西雅图。

124. Van Cleef, Eugene. Areal Differentiation and the "Science" of Geography, Science, CXV(June 13,1953).

范克利夫:《地区分异和地理"科学"》,《科学》,115 号(1953 年 6 月 13 日),654—55 页。

125. Van Cleef, Eugene. Must Geographers Apologize? Annals, Association of American Geographers, XLV(1955).

范克利夫:《地理工作者必须抱歉吗?》,美国地理工作者协会会刊,45 卷(1955 年),105—08 页。

126. Whittlesey, Derwent. The Horizon of Geography, Annals, Association of American Geographers, XXXV(1945).

惠特勒绥:《地理学的视野》,美国地理工作者协会会刊,35 卷(1945 年),1—36 页。

其他(包括俄文、芬兰文、西班牙文及葡萄牙文——译者)

127. Grigorief, A. A. Geography in the Capitalist Countries in the Epoch of Imperialism, Great Soviet Encyclopedia, Vol. X(1954).

格黎哥里耶夫:《帝国主义时期的资本主义国家的地理学》,苏联大百科全书,第 10 卷(1954 年),464 页,威斯康星大学有英译。

128. Kalliola. Reino. Eräitä maantieteen metodologisia peruskysmuksiä, Eripainos Terrasta, No: 2,1956.

卡列拉:《地理学方法论的基本问题》,《地学文摘》第 2 号,1956 年,40—50 页。德文摘要。

129. Stevens-Middleton, Rayfred Lionel. La Obra de Alexander von Humboldt en Mexico, Fundamento de la Geografia Moderna. Publ. No. 202, Instituto Panamericano de Geografia e Historia, México, 1956.

斯蒂文斯—米德汤:《洪保德在墨西哥的著作,现代地理学之基础》,墨西

哥泛美史地研究所，出版物 202 号，1956 年。摘要载于美国地理工作者协会会刊第 45 卷，297 页。

130. Massip y Valdés, Salvador. La Geografiia y su importancia en la resolución de los problemas planteados a la nación cubana. Havana, 1951.

马西—伐耳德：《决定古巴种植园问题中的地理学及其重要性》，哈瓦那，1951 年。

131. Zarur, Jorge. Precisão e Applicabilidade na Geografia, Rio de Janeiro, 1955.

扎鲁尔：《地理学的正确性和应用性》，里约热内卢，1955 年。

人名对照表

Ackerman, E. A.	阿克曼
Allix, A.	阿利克斯
Amundsen	阿孟曾
Anderson, R.	安特生
Bain, A.	布恩
Baker, J. N. L.	贝格
Barry, F.	伯里
Baulig, H.	博利季
Berger, E. H.	伯格
Bobek, H.	博伯克
Bowman, I.	鲍曼
Braun, G.	布劳恩
Brooks, C. F.	布鲁克
Bryan, K.	布里安
Buchanan, K.; R. O.	布恰南
Bucher, A. L.	布歇
Caesar, J.	凯撒
Carol, H.	卡罗耳
Chabot, G.	恰博特
Chamberlin, T. C.	张伯伦
Cholley, A.	乔利
Clark, A.; K. G. T.	克拉克
Cline, M. G.	克利恩
Cohen, M.	科亨
Cumberland, K. B.	康伯兰
Darby, H. C.	达比
Davis, W. M.	台维斯
Deffontaines, P.	德方顿
De Jong, G.	德章
Demangeon, A.	德孟雄
Dickinson, R.	迪金森
East, W. G.	伊斯特
Edwards, K. C.	爱德华
Fairgrieve, J.	费格里夫
Fawcett, C. B.	福赛特
Febvre, J.	菲布尔
Fisher, C. A.	菲歇
Fitzgerald, W.	菲兹杰腊
Fleure, H. J.	弗勒尔
Forde, C. D.	福特
Garnier, B. J.	格尼尔
Gerland, G.	格兰
Gottman, J.	高特曼
Gottschalk, L.	高夏克
Gradmann, R.	格腊曼
Grigorief, A. A.	格黎哥里耶夫
Hamelin, E.	哈梅林
Hammond, E.	哈蒙
Hare, F. K.	哈尔
Harold	哈罗耳特
Hartshorne, C.; R.	哈特向
Herbertson, A. J.	赫勃生
Hettner, A.	赫脱纳

Hook, J. C.	胡克
Humboldt, A. von	洪保德
Huntington. E.	亨丁顿
Huxley, T. H.	赫胥黎
James, P. E.; W.	詹姆士
Johnson, D.	约翰生
Jones, E.; S.; W. D.	章斯
Kalliola, R.	卡利拉
Kant, I.	康德
Kesseli, J. E.	克塞利
Kimble, G. H. T.	金布耳
Kinvig, R. K.	金维格
Kirk, W. P.	基尔克
Knos, D. S.	克努斯
Koeppen, W. P.	柯本
Kraft, V.	克腊夫特
Kroeber	克虏伯
Lautensach, H.	劳顿萨赫
Lehmann, O.	利曼
Leighly, J.	勒利
Le Lannou, M.	娄拉瑙
Linton, D. L.	林敦
Lutter, M.	路德
Mackinder, H. J. O.	麦金德
Manley, G.	曼勒
Marthe, F.	马尔思
Martin, A. F.	马丁
Martonne, E de	马东
Massip y Valdes, S.	马西—伐耳德
McCarty, H. H.	麦克卡尔蒂
Michotte, P.	米乔特
Monkhouse, F. J.	蒙克豪斯
Montefiore, H. C.	蒙提菲尔
Neef, E.	内弗
Obst, E.	奥勃斯特
Ogilvie, A. G	奥季耳维
Otremba, E.	奥特伦巴
Overbeck, H.	奥佛贝克
Passarge, S.	帕萨格
Peltier, L. C.	佩提尔
Penck, A.	彭克
Peschel, O.	佩歇尔
Philbrick, A. K.	菲布里克
Platt, R. S.	普累特
Pleve, E.	普刘
Prunty, M. C.	普龙提
Pye, N.	皮氏
Ratzel, F.	拉采尔
Raup, H.; H. M.	劳普
Richthofen, F. Frh. von	李希霍芬
Rickert, H.	李克特
Ritter, C.	李戴尔
Robinson, A. H.; G. W. S.	鲁宾森
Rogers, H. J.	娄哲
Russell, R. J.	鲁塞耳
Salisbury, R. D.	萨利布里
Sauer, C.	苏尔
Schaefer, F. K.	夏弗
Schlüter, O.	施路特
Schmidt, P. H.	施米特
Schmithüsen, J.	施米素散
Schmitthenner, H.	施米特纳
Semple, E. C.	辛普尔
Sidaritsch, M.	西德里希
Smailes, A. E.	斯迈耳
Sölch, J.	苏希
Sorre, M.	索尔
Spate, O. H. K.	斯佩特
Sprout, H.; M.	斯普劳特
Spuhler, J.	斯普勒
Stevens-Middleton	

斯蒂文斯—米德汤
Strabo 斯特拉波

Tatham, G. 塔森
Taylor, E. G. R.; G. 泰勒
Thornthwaite, C. W. 桑怀特
Toynbee 汤因比
Trewartha, G. T. 屈雷瓦撒
Troll, K. 特罗耳

Uhlig, H. 乌利季
Ullman, E. L. 乌耳曼
Unstead, J. F. 翁斯特

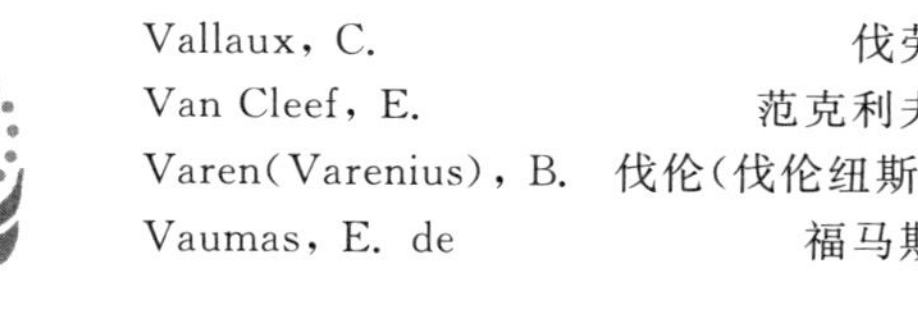

Vallaux, C. 伐劳
Van Cleef, E. 范克利夫
Varen(Varenius), B. 伐伦(伐伦纽斯)
Vaumas, E. de 福马斯
Vidal de la Blache, P. 费达耳—白兰士
Volz, W. 伏耳兹

Wagner, H. 瓦格纳
Ward 瓦德
White, G. F. 怀特
Whittlesey, D. 惠特勒绥
Wilcock, A. W. 威科克
William-Olsson, W. 威廉—欧耳桑
Williams, W. W. 威廉斯
Windelband, W. 温德班
Wooldridge, S. W. 伍特里季
Wright, F. K. 赖特

Xerxes 克克斯

Zarur, J. 扎鲁尔

名 目 索 引

图书在版编目(CIP)数据

地理学性质的透视/(美)R.哈特向著;黎樵译.—北京:商务印书馆,2017
(汉译世界学术名著丛书:120 年纪念版:珍藏本)
ISBN 978-7-100-14353-0

Ⅰ.①地… Ⅱ.①R… ②黎… Ⅲ.①地理学—研究 Ⅳ.①K90

中国版本图书馆 CIP 数据核字(2017)第 153363 号

汉译世界学术名著丛书
(120 年纪念版·珍藏本)
地理学性质的透视
〔美〕R.哈特向 著
黎 樵 译

商 务 印 书 馆 出 版
(北京王府井大街 36 号 邮政编码 100710)
商 务 印 书 馆 发 行
北京通州皇家印刷厂印刷
ISBN 978-7-100-14353-0

2017 年 12 月第 1 版 开本 710×1000 1/16
2017 年 12 月北京第 1 次印刷 印张 13¾
定价:68.00 元